國立中興大學永續農業創新發展研究中心「農業、環境與人文」子計畫成果

本書經相關領域專家學者匿名審查後出版

物種與人類世

20世紀的動植物知識

侯嘉星／主編

目次

第二章　從天擇到人擇

第三章　從人本位到跨物種

導讀

萬物皆有序

——試探中西分類自然的動機、知識與差異

劉士永
匹茲堡大學亞洲研究中心教授
上海交通大學人文學院特聘教授

「萬物有序，知止不殆。」——老子《道德經》

從第一次凝視星空、環顧周遭開始，遠古人類就試圖思索自然界隱藏的規律，甚至是與己身及所處社會的關係。無論東西方抑或多神、一神論，宗教曾是早期人類用以解釋自然與萬物關係的重要依據。透過教義詮釋甚或是通靈儀式，宗教詮釋者把自然本身視爲神靈將其人格化，並爲了認識和瞭解神靈或自然的意志，從事觀察和詮釋自然現象的工作。歷史學者Henri Frankfort 即指出，早在古代近東神權政治的發展過程中，就已

充分反映出自然規律與宗教、社會、政治建構間的緊密關係。[1]古代中國的情況也十分類似，更有具體的事例將自然與社會治理的關係，用身體化、醫療化的視角加以表述。如《國語．晉語八》有云：「子胡曰『良臣不生，天命不祐？』……（醫）和聞之曰：『直不輔曲，明不規闇，拱木不生危，松柏不生埤。吾子不能諫惑，使至於生疾，又不自退而寵其政，八年之謂多矣，何以能久！』文子曰：『醫及國家乎？』對曰：『上醫醫國，其次疾人，固醫官也。』」[2]在這段對話中，醫和對趙文子的提問，以自然爲喻（明不規闇、松柏不生埤）臧否時政，甚至進而認爲治國與療疾並無二致；顯現出以詮釋自然貫通群我與個人身體的特徵。

是以，理解自然規律、排序萬物與己身的需求，不僅是爲了滿足知識上的好奇，也有合理化古代社會與政治架構的必要性。因此在古代希臘與中國戰國時期，如何分類、階層化自然萬物的相互關係，即隨著理性主義的萌芽而顯現系統化的論述。然而，由於中西方對於宗教與自然的理解不同，當然在分類與排序的方法及階層性上也因此存在著分歧的現象。二〇二三年十一月廿四—廿五日國立中央大學歷史研究所舉辦「近代知識譜系中的動物與植物」工作坊，會中各篇論文不僅涉及自然分類的知識形成，也在應用的層面凸顯了不同時空下的特定動機與思考路徑。本文謹爲論文集首投石問路之作，管窺中西方分類知識形成之動機與文化差異，兼爲各篇精彩的論文預作騖馳。本文先概述西方亞里斯多德分類體系到林奈式分類法的歷史及內在邏輯變化，爾後對照中國分類知識尤其是以李時珍《本草綱目》的編纂爲核心，凸顯兩造在文化觀與社會思考上對設定分類基準所可能存在的差異。

一、西方如何分類自然：從亞里斯多德到林奈

分類或歸類（classification）是人類認知群我關係與自然秩序的方法之一，也是如何以自身的立場呈現自我（self）與他者（others）的過程。換言之，當人類開始對周遭事物進行分類時，也是自我意識（ego）萌芽之際，亦是人本主義（humanism）、理

1 Henri Frankfort. *Kingship and the gods: A study of ancient Near Eastern religion as the integration of society and nature.*（Chicago, IL.: University of Chicago Press, 1978）.

2 《國語．卷第十四．晋語八．醫和視平公疾》，轉引自張魯原編著，《中華古諺語大辭典》（上海：上海大學出版社，二〇一一），頁二四五。

性主義（rationalism）誕生的基礎。[3]在西方文明開端，特別是西元前四世紀，做爲古典人本主義與理性主義奠基者的希臘文化中，哲學家亞里斯多德是第一個建議須把生命體（organisms）分類的人，特別指出分類是認識人與周邊生物關係的重要方法。許多學者因此認爲，亞里斯多德是第一個以「科學」建構生物知識的西方思想家。[4]比其他同時代的哲學家，亞里斯多德的生物學更在乎生命顯現的普遍原則，進而重視物種爲何能夠從同一普遍性中分歧出多元的樣態。[5]就此思考邏輯而言，亞里斯多德似乎比達爾文更早思索了演化（evolution）的可能性，這也是後人將其視爲生物分類學（taxonomy）之祖的原因。然而，亞里斯多德思索生物本質並爲之分類的動機，卻隱含著以人爲中心的社會建構論觀點，並不完全從自然關係，至少不是現代生物歸類原則的角度著眼。

亞里斯多德分類學以系統地觀察動物和收集解剖證據爲基礎，推導出具有現代生物分類學意義的「形質說（Hylomorphism）」。[6]亞氏分類學中各物種之關聯性，基本上是建立在觀察與長期記錄生物型態或行爲的相似性上。例如動物即可區分爲有血及無血、陸居或水生等類別，其中可呈現出自然的階級性（*scala natureae*，英語：ladder of nature）。但在缺乏現代胚胎學與基因概念的前提上，亞氏分類學裡的演化並不具備達爾文演化論裡關鍵的「物競天擇、適者生存」概念；[7]因而亞氏生物分類表現爲各物種單向式的階梯（ladder）形式，而兩百年後的達爾文演化論與林奈分類學則呈現出多向式樹狀（tree）分布的結構關係。

由於這個單向式的物種階梯關係呈現由低往高的意象，同時隱喻著由低等到高等的生物階級關係。爲表明生物階級關係中人的特殊地位，亞

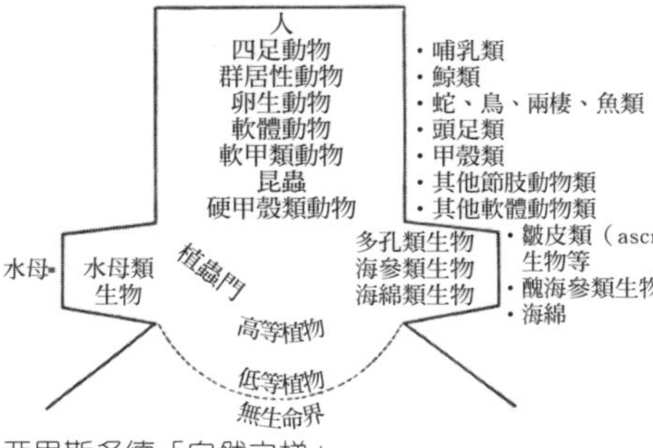

亞里斯多德「自然之梯」
資料來源：
https://s3.amazonaws.com/s3.timetoast.com/public/uploads/photos/9325052/scalae_naturae.jpg（二〇二三年三月七日檢閱）。

3 Erich Fromm, "Humanism and psychoanalysis," *Contemporary Psychoanalysis* 11（1975）: 396-405.

4 Ilse Jahn, *Grundzüge der Biologiegeschichte.*（Jens: Gustav Fischer Verlag, 1990）, pp. 64-73.

5 Ernst Mayr, *The growth of biological thought: Diversity, evolution, and inheritance.*（Cambridge, MA.: Harvard University Press, 1982）, pp. 87-91.

6 有關形質說（Hylomorphism）的細部說明與討論，可參見 Daniel Strauss, "Hylozoism and hylomorphism: a lasting legacy of Greek philosophy," *Phronimon* 15:1（2014）: 32-45.（http://www.scielo.org.za/scielo.php?script=sci_arttext&pid=S1561-40182014000100003&lng=en&tlng=en, 二〇二三年三月七日檢閱）。

7 有關兩者之差異與精細的討論，可參考 David J. Archibald, *Aristotle's ladder, Darwin's tree: the evolution of visual metaphors for biological order.*（New York: Columbia University Press, 2014）.

里斯多德以人具有理性爲理由，將其置放於分類結構中最高的位子上。[8]亞里斯多德在其《動物學研究》中如此說明人在生物界中的地位：

> （動物之中）有些是群居的（gregarious），有些是獨居的（solitary），……有些兼具兩種生活型態。在群居動物之中，有些營政治生活（political），有些散散落落（scattered）。群居性生物在鳥類之中有鴿子、白鶴、天鵝（凡擁有尖彎利爪者都不愛群居）；在水中生物方面則部分魚群喜愛群居，像是隨季節洄游的魚群、鮪魚和鰹魚。……營政治生活的動物彼此之間有共同的工作，這個特性並不是所有群居動物都有。有這個特性的政治動物包括人類、蜜蜂、黃蜂、螞蟻、以及鶴（HA 487b34-48810）。[9]

江宜樺根據這段描述指出亞氏所謂「政治動物」的主要分類特徵，即是該物種具有「社會性生活」。[10]他的說明反映出亞氏身處之社會對其分類學的影響，也清楚昭示了亞氏分類學與現代生物分類學的根本差異。這差異不僅僅是現代生物甚至基因知識的有無，更表現在分類者，也就是人在自然分類中獨特的中心地位，進而讓人的群體生活樣態──社會成爲生物分類的判準之一。

亞里斯多德分類學對西方社會影響深遠，尤其是到了啓蒙運動（Enlightenment）時期，仍舊顯現在許多人與動物關係的哲學解釋上。舉例來看，笛卡爾（René Descartes）的「懷疑主義（Cartesian skepticism）」繼承了亞里斯多德「理性」有無的判準，因而主張動物只是沒有心靈與意識的機械。[11] 康德（Immanuel Kant）則強調動物有助於培養人的慈悲心，具有促進社會和諧的功能。要言之，康德仍舊僅關注具有理性的人類之自身（ends in themselves）的意義，動物不過是人類達成理性目的之手段而已。[12] 但在哲學家堅持人因爲理性應該位居生物分類之最高位階時，近代生物分類

---

8 Marcela D'Ambrosio, Nelio Bizzo, Marco Solinas, et al., "The influence of teleology in the comprehension of evolution and its consequences to education: an analysis from Aristotle to Mayr's teleological categories,"（https://fernandosantiago.com.br/full_paper_IHSPPSB_mda_solinas_bizzo_fss.pdf，二〇二三年三月七日檢閱）。

9 原文翻譯轉引自江宜樺，〈「政治是什麼？」──試析亞里斯多德的觀點〉《臺灣社會研究季刊》第十六期（一九九五），頁一七〇。

10 江宜樺，〈「政治是什麼？」──試析亞里斯多德的觀點〉，頁一七〇。

11 Peter Harrison, "Descartes on animals," *The Philosophical Quarterly (1950-)*, 42:167（1992）: 219-227. 該文作者於頁二二一提供了七項笛卡爾對動物的本質性指標，特別足以清楚投射出笛卡爾式懷疑主義下人與動物的位階與從屬關係。

12 Immanuel Kant, "Duties to Animals," Tom Regan and Peter Singer eds., *Animal Rights and Human Obligations*,（Englewood Cliffs,

學卻在科學革命與進化論的浪潮中，逐漸地把人從亞氏分類學裡自然階梯（ladder of nature）的最頂端，拉下至一個客觀存在且趨近萬物平等的位子上。瑞典科學家林奈（Carol Linnaeus）及其設計之分類學，不僅奠定近代生物分類學的基礎，更重要的還是改變了西方十八世紀前，數世紀間以人及其社會性爲判準而分類自然的觀點。

雖說後世學者經常認爲林奈式分類法是針對亞氏分類學的革命性轉變，但林奈對生物分類學的關注卻和同時代學者一樣，仍是爲了彰顯包含亞里斯多德在內的希臘哲學光芒。事實上，林奈的許多動物分類依舊參照了亞里斯多德的分類，他只是再利用近代生物學的知識予以細分或區隔。如亞里斯多德將動物分爲有血與無血兩類，其中有血動物即包括胎生四足類、鳥類、卵生四足類等。相對於亞里斯多德以觀察爲本的分類規則，林奈則以心臟、血液、呼吸、生殖器官等解剖學標準進行分類，從胎生動物與魚類中把鯨和海豚歸於哺乳類，並提出了高等哺乳綱此一類目。[13]只不過十八世紀的林奈有更大的

林奈畫像。

難題需要解決。十五世紀末開始的地理大發現時代（Age of Discovery），擴展了歐洲人對於許多遠方奇珍異獸辨識上的需求。[14]然而，亞里斯多德分類學原本即偏重於動物而輕忽植物分類，以至於亞氏分類學尤其無助於歐洲學者命名與認識殖民地上的新植物種類。事實上類似的情況在歐洲也由來已久，各種歐陸植物的土俗名稱早令生物學家備感困擾，遑論以之做爲辨識遠方新物種的參照點。

一七三五年，林奈發表了著名的《自然系統（*Systema Naturae*）》，將動植物分爲平行的兩界（kingdom），以下依序按生物性狀相似度（character similarity）細分門（phylum）、綱（class）、目（order）、科（family）、屬（genus）、種（specie）。本書根據相似性狀區分種屬等分類的標準和概念，以及林奈首創之雙拉丁名命名法則，

New Jersey: Prentice-Hall, 1976）, p.123.

13 這個重分類的過程十分漫長，也並非成於林奈一人之手；此處僅為說明便利簡化了當中的曲折。具體知識論與分類解剖之發展，專業說明可參考 Aldemaro Romero, "When whales became mammals: the scientific journey of cetaceans from fish to mammals in the history of science," Aldemaro Romero and Edward O. Keith eds., *New Approaches to The Study of Marine Mammals*（Rijeka, Croatia: InTech, 2012）, pp.3-30.

14 相關細節可參見 Londa Schiebinger and Claudia Swan eds., *Colonial Botany Science, Commerce, and Politics in the Early Modern World*（Philadelphia, PA: University of Pennsylvania Press, 2005）.

都讓後世學界公認此書爲近代分類學（taxonomy）的開山之作。值得一提的是除了總體的生物分類學，林奈正是從植物分類的部分突破了亞氏分類的瓶頸，甚至下啓十九世紀以來如孟德爾（Johann Gregor Mendel）的豌豆育種等實驗，爲近代植物分類學與遺傳性狀分類基準奠基。[15] 林奈在前人植物學研究的基礎上，借鑒了解剖學的概念，根據植物的生殖器官建立分類體系，[16] 將其與已經比較穩固之動物分類一併系統化，這才進一步明確了近代生物學裡的物種分類概念。

林奈分類學的誕生無疑地和近代西方科技發展，尤其是顯微鏡技術的進步有密切的關係。這也是亞里斯多德無法以觀察植物是否具有「社會性生活」，並參照動物做爲分類基準的根本技術困局。依循亞里斯多德的原則，林奈把植物的根和果實器官看作植物分類的重要特徵。這變化得力於十七世紀以來，磨製透鏡技術的改進和複式顯微鏡的發明，對植物器官與組織的觀察產生了很大影響。[17] 舉例來看，植物學家格魯（Nehemiah Grew）在一七七六年發現了雄蕊的存在並從結構上詳述其生殖功能，其關鍵即在於他接受了英國顯微鏡學家胡克（Robert Hooke）的強烈推薦，採用顯微鏡觀察顯花植物的生殖器官並記錄其功能。[18] 就格魯的植物學分類來說，顯微鏡技術提供的是一個結構或性狀上的相似性，而非從行爲的相似性上予以分類。[19] 此種以客觀存在的結構相似性取代主觀認知的行爲相似性之特徵，正是林奈分類學與前人最大不同之處。簡言之，人不再是分類自然萬物的基準點，其行爲與社會更非分類的判準；取而代之的是客觀存在的生物結構與性狀，人也因此從自然分類的中心移往了旁觀者的位置上。

就改變了人在亞氏分類學的位置而言，林奈分類學對十九世紀達爾文（Charles Robert Darwin）提出演化論更是重要。在林奈分類學體系中，「種」是生物分類的最基本，而達爾文的《物種源始（*The Origin of Species*）》中，進化的單位也正好是種（species）。不過與達爾文演化論強調物種間的可演化性相比，林奈的種不僅是基本的單位，還是物種最無可變異的基礎。儘管到一七六六年之後，林奈在《自然系統》十二

---

15 Sander Gliboff, "The many sides of Gregor Mendel," Oren Harman and Michael R. Dietrich eds., *Outsider Scientists: Routes to Innovation in Biology*,（Chicago: University of Chicago Press, 2013）, pp. 39-40.

16 Elena I. Kurchenko, "Carl Linnaeus as the founder of modern plant taxonomy," *Chromosome Botany* 2:2（2007）: 56.

17 Holger Gärtner, Sandro Lucchinetti, and Fritz Hans Schweingruber. "New perspectives for wood anatomical analysis in dendrosciences: the GSL1-microtome"*Dendrochronologia* 32:1（2014）: 47.

18 Pablo Alvarez and Gregg Sobocinski, "Through the magnifying glass: a short history of the microscope,"（2015）, pp. 10-11.（https://creativecommons.org/licenses/by/4.0/，二〇二三年三月七日檢閱）。

19 Ray J. Fisher, Ashley PG Dowling, and J. R. Fisher, "Modern methods and technology for doing classical taxonomy," *Acarologia* 50:3（2010）: 399-340.

版與《植物學哲學》手稿中，開始斟酌、猶豫是否要把「種」仍舊做爲物種在自然界中最根本不變之單位，但畢竟在他有生之年並未公開宣稱放棄物種不變論。[20] 可儘管如此，達爾文進化論與林奈分類學的關係仍處處可見。達爾文演化論的基礎在於物種的相近性（familiarity），這個詞彙的語源來自林奈分類學中的「科（family）」，而非亞氏分類學中具有社會生活隱喻的「家」。也正是這種分類概念使得人與其他的靈長類，在達爾文樹狀演化結構中只占到了平行的

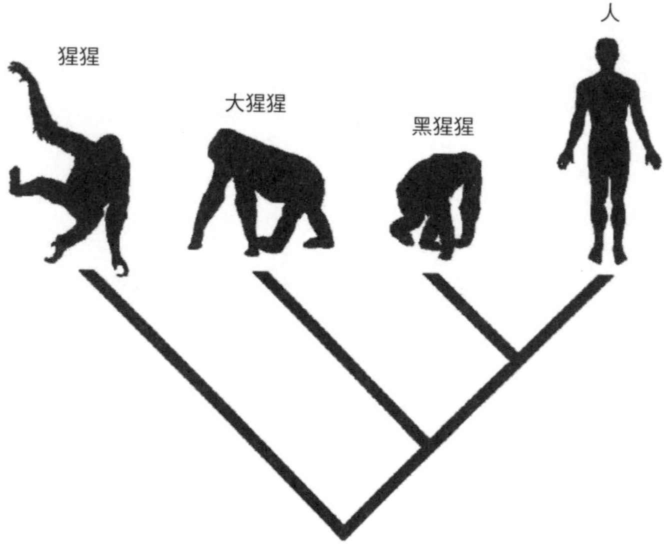

達爾文之人科演化樹。
資料來源：
https://thisviewoflife.com/why-darwins-tree-of-life-is-a-cognitively-compelling-icon-of-evolution/（二〇二三年三月七日檢閱）。

位置。

此外，達爾文建構其演化論基礎的知識，除了古生物學與生物地理學之外，亦大量採用了胚胎學，這種高度仰賴顯微與解剖技術的生物學知識。從達爾文判定物種在性狀與結構上的許多討論中，都不難發現儘管達爾文與林奈不同，認爲物種會因「適者生存」原則而改變其外觀，但因深受林奈分類學影響，認爲仍可依據性狀與胚胎結構而做種屬上之歸類。[21]就今日學界普遍的看法，達爾文後來與華勒斯（Alfred Russel Wallace）在一八五八年所建構起來的演化學說，不僅解套十八世紀以來林奈分類學的物種不變論，也成爲二十世紀以來分類學主流—支序分類學（cladistic taxonomy）[22]的先聲。在支序分類學的各種討論中，人的生物本質不僅無異於其他的靈長類哺乳動物，甚至在是否應該做爲一個特殊動物種別的討論中，亦僅關注於DNA或聚合酶連鎖反應

20 E・邁爾，《生物學思想發展的歷史》（成都：四川教育出版社，一九九〇），頁二九四。

21 Mary P. Winsor, "Taxonomy was the foundation of Darwin's evolution," *Taxon* 58:1（2009）: 44.

22 有關支序分類學定義與古典分類學的關係，請參考 James A. Boucot, "Cladistics: Is it really different from classical taxonomy?" Joel Cracraft ed., *Phylogenetic Analysis and Paleontology*（New York: Columbia University Press, 1979）, pp. 199-210.

（Polymerase chain reaction，縮寫：PCR）等胚胎可遺傳之生物性狀判別，[23]早已不是亞里斯多德所關注那批具有理性且常營社會生活的高階物種了。總的來說，從亞里斯多德到林奈生物分類學的過程，人的角色從分類自然的主宰者，逐漸移往自然萬物的觀察者，而分類之判斷基準也由人類特有的理性與社會生活，轉變爲生物共性的各種遺傳性狀與機制。中國《易經．繫辭上》：「開物成務，冒天下之道，如斯而已者也」[24]的觀點，或許和亞氏分類學的某些假設還若合符節，但從林奈分類學出現之後，東西方對於自然分類的概念、目的與假設都出現了相當明顯之分歧。

達爾文肖像。

二、中國如何看待自然：從《詩經》、《山海經》到《本草綱目》

在希臘哲人環顧周遭，意欲定位萬物關聯之際，古代中國的知識分子可能也正在嘗試同樣的事情。事實上植物、動物、生物等名詞中國古代已有，並非西學東來之後的產物；《論語．陽貨》即明言《詩經》：「多識於鳥獸草木之名」[25]。只是劉君燦從同時代的記載來看，認爲秦漢之前中國的分類概念相當麤疏：「凡提到植物，率以『草木』稱之；凡提到動物，不是稱『蟲、魚、鳥、獸』，就是『鱗、毛、羽、介、昆』，不然就簡稱『飛禽走獸』或『禽蟲』……表示那時對……動植物分類的認識，甚至對外型動態的偏重。」[26]各種古代紀錄中，《詩經．爾雅》是中國有關動植物學分類紀錄最早的著作，有〈釋草〉、〈釋木〉兩篇分類植物；對動物進行分類者，則有〈釋蟲〉、〈釋魚〉、〈釋馬〉，〈釋獸〉、〈釋畜〉等五篇。劉君燦認爲〈爾雅〉別立〈釋畜〉一篇的目的，是「把屬獸的馬牛羊犬豬與屬鳥的雞列入，則是對人文致用的著重，這是

---

23 Lisa Gannett, "The Biological Reification of Race," *British Journal for the Philosophy of Science* 55:2（2004）:323-345; Zinhle Mncube, "Are human races cladistic subspecies?" *South African Journal of Philosophy* 34:2（2015）：163-174.

24 根據教育部的解釋，這句話的意思是指：「泛指開發各種物資，建立政治、經濟、社會等各種制度。」參見國家教育研究院官網說明，https://dict.idioms.moe.edu.tw/idiomView.jsp?ID=27876&webMd=2&la=0（二〇二三年三月七日檢閱）。

25 https://ctext.org/analects/yang-huo/zhs?searchu=多識於鳥獸草木之名（二〇二三年三月七日檢閱）。

26 劉君燦，〈博物與本草——中國傳統的分類學〉，《國文天地》卷四期六（一九八八），頁五二一。

中國自然學的一大旨趣。」[27]劉君燦此處所謂人文致用的說法，若代之以生活實用主義的態度或許會更爲貼切一些；古人把家畜獨立成類的實用思考，也與爾後側重日用價值的本草學分類發展脈絡有異曲同工之妙。

相比於西方分類學較早在動物分類的領域中嶄露頭角，或許是因爲農業文明發展需求的緣故，中國則在植物分類上起步甚早。殷墟甲骨文中就有不少植物分類知識的記載，如穀類作物都是草本植物，從禾或米形以示同類。常見的有禾、稷、黍、麥、粟等。樹木之類係木本植物，皆從木形以示同類。常見的有木、杜、桑、梁、柏、栗等。說明中國古人已經出現了「按形歸類」的植物分類思想。[28]此外，商代遺址也曾出土大量植物種子；從一九七三年河北策城縣臺西村商代遺址中發現植物種子三十餘枚。經耿鑒庭、劉亮鑒定均爲普截科梅屬（Prunus）種子，其中有桃仁、郁李仁、杏仁李等，[29]可被視爲中國藥食同源論的考古依據。同屬先秦著作的《山海經》，除採類似《詩經》的分類模式記錄各種動物外，在植物方面亦根據其器官特徵分別爲草、木兩類。[30]中國科學史與本草學界認爲這種分類方式，或許是中國最古老的植物分類原則。[31]《山海經》進一步以型態、氣味、習性劃分植物，並取上述三類特徵相近者分屬同一種類。三種分類原則之中的功用，尤其反映出以人爲中心、利用自然的思考特徵，也正符合《易經》：「開物成務，冒天下之道，如斯而已者也」的觀點。舉例來看，適合做爲工具的有「苴即柤，山楂，果木」，又有記載「洞庭之山，其木多柤梨柚橘，其草多葌、蘪蕪、芍藥、芎窮。」[32]其中柤梨柚橘是可供食用的果物，葌、蘪蕪、芍藥、芎窮等則是藥用植物。然而，中國雖自古對於植物的食用價值與藥性早有記載，但具體以「本草」一詞做爲總稱或許是漢代以後的發展。尚志君認爲《神農本草經》書名，不僅未見於先秦文獻，連「本草」二字，也未見於先秦，直到西漢時伴隨方士盛行才出現了「本草」一詞。據此，他推論《神農本草經》當出於漢代本草官之手。[33]《神農本草經》內容自然以植物藥爲大宗，但也收羅多種動物藥，全書分類大抵仍不出草木蟲魚獸之類的區

---

27 劉君燦，〈博物與本草——中國傳統的分類學〉，頁五三。

28 邱澤奇，〈先秦植物文獻評述〉，《大自然探索》卷六期三總廿一期（一九八七），頁一六五。

29 耿鑒庭、劉亮，〈藁城商代遺址中出土的桃仁和郁李仁〉，《文物》第八期（一九七四），頁五四—五五。

30 丁永輝，〈《山海經》與古代植物分類〉，《自然科學史研究》卷十一期三（一九九二），頁二九八。

31 芶萃華，〈我國古代動植物分類〉，《科學史文集》第四輯，（上海：上海科學技術出版社，一九八〇），頁四三—五一；夏緯瑛，〈《爾雅》中所表現的植物分類〉，《科學史集刊》第四期（一九六二），頁四一—四六。

32 《山海經》https://shanhaijing.5000yan.com/5-179.html；https://shanhaijing.5000yan.com/zhongshan/12/（二〇二三年三月七日檢閱）。

33 尚志鈞，〈《神農本草經》出於漢代本草官之手〉，《杏苑中醫文獻雜誌》二（一九九四），頁十九—二十。

別。[34]動物藥中以蟲部爲主，《神農本草經》共列載蟲類藥二十八種，占其中六十五種動物藥的四三%，卻僅占全部收錄藥物三四七種的八%。[35]由此或可推論，中國傳統分類的重點仍在於辨識區別植物，這可能是中國傳統分類學另一個值得注意之特徵。

除動物和動物性藥物外，《神農本草經》收載植物和植物性藥二五二種，礦物藥類四十六種，並依照上、中、下三品分類將礦物、植物、動物依序排列，而每一品中三類藥物均有。所謂上、中、下三品的分類，按其序錄中所說：

上藥一百二十種爲君，主養命以應天，無毒，多服久服不傷人，欲輕身益氣不老延年者，本《上經》。中藥一百二十種爲臣，主養性以應人，無毒，有毒，斟酌其宜，欲遏病補虛羸者，本《中經》。下藥一百二十五種爲佐使，主治病以應地，多毒，不可久服，欲除寒熱邪氣、破積聚、愈疾者，本《下經》。[36]

很明顯其分類方法主要是根據毒性有無、大小以及用藥目的加以分類。此種上中下品的藥物分類法，陳德懋與曾令波認爲是受到陰陽五行說以及董仲舒人性三品論的影響。[37]儘管《神農本草經》原書早已散逸，但其部分內容卻保存在日後諸多的本草著作，如陶弘景編《本草經集注》、蘇敬撰《新修本草》、馬志等修《開寶本草》，乃至於掌禹錫的《嘉祐本草》等，而後被宋代唐慎微總結後，擴大收納新的本草材料編成《證類本草》一書。[38]而上述君臣佐使的藥性分類原則，以及匹配人性與社會實用的觀點，也一併被保存至明代李時珍編纂的《本草綱目》之中。

隨著本草學的進一步開展，中國植物分類中藥食同源的特徵益發明顯。西元五世紀末，陶弘景彙編《本草經集注》時以《神農本草經》爲藍

陶弘景。

34 朱建華，〈略談《神農本草經》中的動物藥〉，《中醫雜誌》卷三六期五（一九九五），頁三一。

35 朱良春，〈蟲類藥在臨床應用上的研究〉，《中醫雜誌》七（一九六三），頁十。

36 《神農本草經．序》https://zh.wikisource.org/wiki/《神農本草經》，（二〇二三年三月七日檢閱）。

37 陳德懋、曾令波，〈中國植物學發展史略——植物分類學發展簡史〉，《華中師範大學學報》卷二一期一（一九八七），頁一二四。

38 尚志鈞，〈諸家輯本《神農本草經》皆出於《證類本草》〉，《江蘇中醫雜誌》卷十四期二（一九八二），頁三八。

本，對其記載之品項逐一校核、糾正，並增輯魏晉以下別品三六五種。《本草經集注》全書共分三卷，上卷爲藥物學總論，中、下卷是藥物各論。中卷載藥三六五種，分玉石、草、木三類；下卷載藥三七四種，分蟲獸、果菜、米食、有名未用四類。[39]《本草經集注》中按自然屬性與實用主義分類的方法與思考對後世傳統植物分類學影響深遠，「可以說直到《救荒本草》……甚至到明末李時珍刊行《本草綱目》前的一千多年間，始終沿襲著這一套分類體系與思考方法。」[40]

做爲集大成者之《本草綱目》是一部百科全書式的藥物學巨著，全書約一百九十萬字，共分五十二卷。先以其動物分類覘之，三九—五二卷共記載了四四四種動物藥；[41]其中藥用動物三七八種，包括蟲部八三種、鱗部八五種、介部四六種、禽部七七種、獸部八七種。[42]《本草綱目》對於藥用動植物，不僅有精確的識別和分類方法，而且還對這些動植物進行的土俗名辯證且系統化地命名。李時珍直接以動物形態、行爲、習性等特徵分類動物，並進行藥用動物的命名。在《本草綱目》中，李時珍區分動物名稱的正名與別名，在記載各種藥用動物時採用正名，而把該動物的其他名稱做爲別名，記載於「釋名」之中。[43]舉例來看，壁虎、守宮、蜥蜴、石龍子、蝘蜓、蠑螈等型態類似之爬蟲類，「《爾雅》以蠑螈、蜥蜴、蝘蜓、守宮爲一物。《方言》以在草爲蜥蜴蛇醫，在壁爲守宮、蝘蜓。……（李時珍認爲）諸說不定。大抵是水、旱二種，有山石、草澤、屋壁三者之異……今將三者考正於下，其義自明矣。生山石間者曰石龍，即蜥蜴，俗呼豬婆蛇；似蛇有四足，頭扁尾長，形細，長七八寸，大者一、二尺，細鱗金碧色……。生草澤間者曰蛇醫，又名蛇師、蛇舅母、水蜥、蠑螈，俗亦呼豬婆蛇……。狀同石龍而頭大尾短，形粗，其色青黃，亦有白斑者，不入藥用。生屋壁間者曰蝘蜓，即守宮也。似蛇醫而短小，灰褐色，並不螫人……」其中守宮一類，「以其常在屋壁，故名守宮」；又有別稱灶馬者「處處有之，穴灶而居，灶馬狀如促織，稍大腳長，好穴灶旁」[44]而得名。其中之守宮即爲常見之中藥材名稱，其中「桂林之中守宮大而能鳴，謂

39 季文達、李應存、吳新鳳等，〈陶弘景《本草經集注》成書背景探賾〉，《中醫藥通報》卷二十期三（二〇二一），頁三三—三五。
40 陳德懋、曾令波，〈中國植物學發展史略——植物分類學發展簡史〉，頁一二五。
41 李時珍，《本草綱目》上、下冊（北京：人民衛生出版社，一九八二），頁九五—一〇一、一二二五—一二九七五。
42 羅桂環、汪子春，《中國科學技術史：生物學卷》（北京：科學出版社，二〇〇五），頁二六八—二七八。
43 周路紅，〈《本草綱目》釋名探析〉，《山西中醫學院學報》卷二期一（二〇〇一），頁十四—十五。
44 李時珍，《本草綱目》，頁九五—一〇一。

之蛤解。」[45]此處的蛤解，也就是本書郭忠豪論文裡的蛤蚧。

由於李時珍的分類以觀察與歷史考證爲基礎，使得整個《本草綱目》在分類上顯現出濃厚的文化影響。前述「守宮……生草澤間者曰蛇醫，又名蛇師、蛇舅母」，以醫、師，甚至舅母爲名之說法已可窺一二。然而最能反映當時社會文化對李時珍分類學影響的，莫過於《本草綱目》當中對於五行說的運用。李時珍在凡例中謂：本書「析族區類、振綱分目……首以水、火，次之以土，水、火爲萬物之先，土爲萬物母也。次之以金、石，從土也。……次之以草、穀、菜、果、木，從微至巨也。次之以服、器，從草、木也。次之以蟲、鱗、介、禽、獸，終之以人，從賤至貴也」。[46]顯然，李時珍是按傳統五行學說進行物種分類的。值得注意的是，李時珍改變了傳統五行木、火、土、金、水的排列順序。不論是董仲舒《春秋繁露．卷十一》：「天有五行，一曰木、二曰火、三曰土、四曰金、五曰水。木，五行之始也，水，五行之終也，土，五行之中也，此其天次之序也。」[47]或是中醫理論《內經素問．陰陽應象大論》都是採用一樣的五行順序。[48]但《本草綱目》卻是從水開始次爲火、土、金，最後才是木行。如此的調整，或許是爲了「把人列在獸之上，說明人在動物界占有一定分類地位，（但也）與古代的獸有親緣關係……」。[49]顯見人雖在李時珍分類中位居最高的位子，但因五行循環的概念，人並未獨立或高於其他物種。

儘管王洋認爲不論是林奈或李時珍都停留在早期以人爲準的分類方式；[50] 但事實上，人在李時珍分類中仍居於類似亞里斯多德分類學中的地位，只是因爲五行輪轉的概念，令人與獸間的親緣關係具有變動性。這種具有親緣性的變動關係不僅是林奈與達爾文最重要的差異，也是近代演化論重要的立論基礎。相較於林奈是一個物種不變論者，李時珍在《本草綱目》中寫道：「金魚有鯉鯽鰍鰵數種，鰍鰵尤難得，獨金鯽耐久，前古罕知……自宋始有畜者，今則處處人家養玩矣。」有學者即因此認爲達爾

45 楊雄撰、郭璞注，《方言》卷八，收入文懷沙主編，《四部文明．秦漢文明》第七冊（西安：陝西人民出版社，二〇〇七），頁六七三。

46 《本草綱目》凡例，中國哲學書電子化計劃，https://ctext.org/wiki.pl?if=gb&chapter=312（二〇二三年三月七日檢閱）。

47 《春秋繁露．五行之義》，中國哲學書電子化計劃，https://ctext.org/chun-qiu-fan-lu/wu-xing-zhi-yi/zh（二〇二三年三月七日檢閱）。

48 《黃帝內經．素問．陰陽應象大論》，中國哲學書電子化計劃，https://ctext.org/huangdi-neijing/yin-yang-ying-xiang-da-lun/zh（二〇二三年三月七日檢閱）。

49 侯國湘、張立文，〈我國明朝傑出的植物學家和醫藥學家——李時珍〉，《生物學通報》卷二九期七（一九九四），頁三三。

50 王洋，〈試析李時珍與林奈在動植物分類學上的異同〉，《自然辯證法研究》卷二七期四（二〇一一），頁一一五。

文在《物種源始》中寫到：「我也看到一部中國古代的百科全書中清楚記載著選擇原理。」[51]指的可能就是《本草綱目》。[52]類似近代演化論的思考，亦見諸於李時珍對於靈長類的看法—這也是讓達爾文《物種源始》震撼學界的物種。根據李時珍的記載，果然是一種猿猴類的野獸，原本郭璞在《文言》中僅註釋為「果然，自呼其名」，意思是說，這種猿猴的叫聲似如其名「果然」；但李時珍在《本草綱目》中又增加寫道：「果然，仁獸也。出西南諸山中。居樹上，狀如猿，白面黑頰，多髯而毛采斑斕。尾長於身，其末有歧，雨則以歧塞鼻也。喜群行，老者前，少者後。食相讓，居相愛，生相聚，死相赴。《柳子》所謂仁讓孝慈者，是也。古者畫爲宗彝，亦取其孝讓而有智也。」[53]不僅具體描述其樣貌與生活習性，還以其本性認定爲有仁之獸。但做爲野獸的猿猴一樣有令人憎惡性質；《本草綱目》卷五十一下「獮猴」條附「玃」記道：「玃，老猴也。生蜀西徼外山中，似猴而大，色蒼黑，能人行，善攫持人物。又善顧盼，故謂之玃。純牡無牝，故又名玃父，亦曰猳。玃善攝人婦女爲偶，生子。」[54]以李時珍對果然與玃的評論相比，可以發現兩者都歸類於獸部，但可以人（仁）性之有無區分上下。就此言之，李時珍分類觀雖隱含著物種變動的可能性，但其變動基準卻落在人性之有無，並非生物學上的性狀或遺傳。

總的來看，中國自古的分類觀發展，到李時珍的《本草綱目》時達到高峰。經過長時期的演變，中國這一系列傳統的分類觀念具有以五行運轉、以人爲本的思考特徵。在這樣的思考特徵影響下，中國傳統分類學比達爾文演化論問世之前的西方分類學更具有物種變動性，但這種變動性並不奠定在客觀的生物學基礎上，而是以人爲中心，強調傳統道德或社會倫理的可互換性上。就後者而言，中國人可以用仁獸來描述果然，和亞里斯多德認爲蜜蜂因爲具有社會生活特徵，亦可與人類一般算是政治動物的觀點有其相似性。雖然因爲《本草綱目》的百科全書特質，讓後世學者可以找到許多與西方分類學對照或比較的事例。但十九世紀以後西學東來，新式的生物科學分類體系終究撼動了傳統中國的分類法則。

51 Jixing Pan, "Charles Darwin's Chinese Sources," *ISIS* 75:3（1984）: 530-534. 中文翻譯取自達爾文，《物種源始》（西安：陝西人民出版社，二〇〇一），頁四九。

52 唐文彰，〈達爾文的人工選擇理論與中國古代文獻中的金魚——兼及達爾文對金魚認知的偏差〉，《社會科學家》總一二三（二〇〇七），頁七一。

53 《本草綱目．獸二．果然》，https://zh.wikisource.org/zh-hans/ 本草綱目／獸之四（二〇二三年三月七日檢閱）。

54 《本草綱目．獸二．附錄．玃》，https://zh.wikisource.org/zh-hans/ 本草綱目／獸之四（二〇二三年三月七日檢閱）。

小結

從西方醫學史的角度而言，近代科學發展在十八世紀以後逐漸誘導了醫科學（medical science）的發展，但更重要的是開啓了實證醫學（evidence-based medicine）或科學醫學（scientific medicine）[55]的新時代，具體表現在十九世紀從生機論過渡到機械論的身體觀與生物學。[56]於是過去以人爲中心、人性爲分類特質的亞里斯多德分類原則，不再能於一個機械論的生物學體系中找到生存空間。不論是希臘哲學中的理性（rationality），還是經院哲學的靈氣（pneuma）或基督教義裡的靈魂，都不再成爲分類學的判準。取而代之的新分類準則是解剖學上的結構、組織，顯微鏡下可見的性狀甚至是染色體，而決定種屬間親緣關係的則是反覆且精細的實驗。正是這樣的機械論生物觀，奠定了西

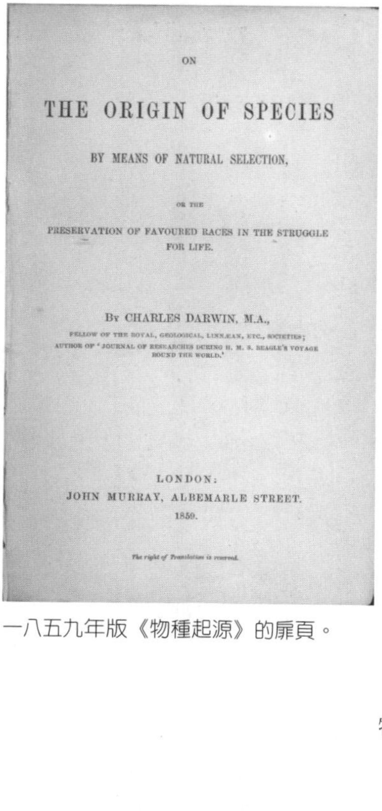

ON

THE ORIGIN OF SPECIES

BY MEANS OF NATURAL SELECTION,

OR THE

PRESERVATION OF FAVOURED RACES IN THE STRUGGLE FOR LIFE.

BY CHARLES DARWIN, M.A.,

FELLOW OF THE ROYAL, GEOLOGICAL, LINNÆAN, ETC., SOCIETIES;
AUTHOR OF 'JOURNAL OF RESEARCHES DURING H. M. S. BEAGLE'S VOYAGE ROUND THE WORLD.'

LONDON:
JOHN MURRAY, ALBEMARLE STREET.
1859.

The right of Translation is reserved.

一八五九年版《物種起源》的扉頁。

方分類學近兩百多年來的發展與特徵。[57]

西方動物知識在明清之際，尤其在鴉片戰爭後隨著新教傳教士的編譯、出版活動而引進中國。然而受制於基督教義之不可言廢，傳教士們固守法國自然史學者居維葉（Georges Cuvier）的分類法多年。雖然其中也有像是一八五五年合信（Benjamin Hobson）與陳修堂合撰的《博物新編》，少量介紹了斯旺森（William Swainson）的數位規律分類法，使得生物分類變得更爲繁密和機械性。但關鍵性的變革仍須等到一八五九年達爾文發表《物種源始》後，西方分類法才算逐漸從「人爲分類」走向了「自然分類」。只是在中國卻因傳教士譯書的壟斷，直到一八九八年前後嚴復才翻譯了《天演論》，下啓二十世紀初大量翻譯自日文的生物學著作後，以演化論爲基礎的自然分類法才在中國有所開展。[58] 除瞭解西方分類學思考特質的演變之外，近代生物分類法

---

55 有關何謂科學醫學與醫科學的討論與詮釋，建議參考 Richard Harrison Shryock, *The development of modern medicine: an interpretation of the social and scientific factors involved.*（Philadelphia, PA.: University of Pennsylvania Press, 2017）.

56 具體討論參見Garland E. Allen, "Mechanism, vitalism and organicism in late nineteenth and twentieth-century biology: the importance of historical context," *Studies in History and Philosophy of Science Part C: Studies in History and Philosophy of Biological and Biomedical Sciences* 36:2（2005）: 261-283.

57 Joel Cracraft, "Species concepts and speciation analysis," *Current Ornithology*（1983）: 159-187.

58 李侃，〈傳教士與十九世紀下半葉西方動物分類知識在華傳播〉，《清史研究》第二期（二〇二三），頁一〇八—一二〇。

論傳入近代中國的時間點也是一個關鍵。唯有同時關注這兩項要素，我們才能參透本書中有關近代東亞的魚藤栽培與加工、清末民初的漁獲利用，以及近代產業、知識與分類：以中國蔬果交流與現代獸醫發展、人狗關係變遷等，各種歷史現象發生背後特定之時空條件與分類學知識脈絡。

儘管西方分類學已是今日之主流觀點，但這並不妨害傳統中國分類學在某些領域中的延續與調適。尤其在傳統藥物使用的領域中，中國既有的食藥同源思想、氣運五行的醫理，讓面對新式生物分類學衝擊下的中國本草觀，仍舊得以在華人的生活日用中找到一席之地。如前所述，中國傳統醫藥學千年來與其博物與分類傳統互為表裡、相倚甚密。中藥藥性理論構建中「遠取諸物、近取諸身」，也可在過去本草分類中看到許多實用主義上的例證。因此漢代的《神農本草經》不僅著錄入藥的各種動物或植物名稱，而且也記述了這些動物與植物的生存環境。明代《本草綱目》亦以生活用語之賤、貴，對藥物辨識與使用效果進行分類。這顯示中國的分類思想自魏晉時期到清末都沒有太大的變化，也內化成為華人飲食與用藥的常識。

二十世紀西方科學強勢叩關，除了造成中醫界「廢醫存藥」的壓力外，亦促成了中藥分類使用上的內在調適。一九三〇年代中央國醫館將傳統的本草學定名為「藥物學」，主張「藥物一科，即古之本草，其內容宜參照近世藥物學通例，分總論、各論二篇。總論，如討論藥物之一般通則或禁忌配合等。其各論中宜仿藥質分類法，每述一種藥，須別列子目，如異名、產地、形態、性質、功效、成分、用量、禁忌、附錄等，以清眉目。」[59]至此開啓近代社會大眾本草學等於藥物學等於中藥學的認知。於是迄今爲止，中藥學名稱雖有小異，但基本架構依然沿襲了這一標準大綱確立的規範。[60]這種分類方法，除便於掌握動植物藥材的形態特徵外，亦是一種符合西方分類法的形態學分類。它雖然形式上仍保留著某些傳統中藥分類的痕跡，但在內容上則已吸收了現代動植物分類學、解剖學、生物化學等方面的概念。二十世紀後半以來，根據現代植物分類學分類法編寫之中藥材索引，常將藥用植物按林奈式分類法區隔，細目綜述其形態、特徵，乃至拉丁學名、生長環境等後再附錄入藥部位、功效等藥理說明。這種分類的基本原則即是將每種藥物按西方自然分類系統分別歸入門、綱、目、科、屬、種，並如林奈與達爾文原則般以種做爲分類的基本單位，明確每種中藥在各分類等級中的位置。如此

59 中央國醫館，〈中央國醫館整理國醫藥學術標準大綱草案〉，《南京市國醫公會雜誌》一九三三年第八期，頁廿九—三十。

60 王振國、張冰、曾英姿、張聰，〈中醫藥理論的近代嬗變及其影響——以本草詮釋方法為視角〉，《山東中醫雜誌》卷三八期一（二〇一九），頁一—八。

調適充分體現中醫藥用植物在自然界的位置，有助於從同科屬植物中進行藥理化學之研究，有利於擴大藥源和常民的接受。[61]或許在理解從傳統跨越到近代本草分類遞嬗的過程後，讀者才能理解本論文集中清末文人筆下的木棉，以及驢藥、「吐蛇」、蛤蚧、海馬等，這類對西醫而言荒誕不經的藥物，卻依然能在當前的華人食補市場上廣受歡迎的歷史因緣；也只有看到了近代以來西學對中醫草本知識的挑戰與其調適後，方得認識清代庫倫與內地藥材交易究竟葫蘆裡賣的是什麼藥。

分類學的發展向來是西方生物學史、醫學史上的重大課題，過去的研究成果早已汗牛充棟。而中國學界在本草學及其相關分類原則與應用的發掘，從版本學到思想史的考證辨僞到分析演繹，也可謂是上窮碧落下黃泉。然而近廿年來跨學科研究或是學術跨界對話的氛圍正熾，集結二〇二三年十一月廿四—廿五日國立中央大學歷史研究所舉辦「近代知識譜系中的動物與植物」工作坊而成篇之論文集，各篇專文外有所專擅又內理相通，或可據之視爲臺灣學界近代中西分類知識系譜研究的問路創舉。做爲一篇初探、淺釋的開場文字，筆者期望這番淺薄的言論，可以不負襯托各篇紅花的綠葉角色。

---

61 萬德光，〈現代中藥分類方法的研究〉，《成都中醫學院學報》卷十四期四（一九九一），頁二一。

第一章

從身體到萬物

寄生蟲知識的形成

——從華佗療治「吐蛇」之謎談起

皮國立
國立中央大學歷史所副教授兼所長

一、前言

華佗，字元化，乃東漢末年的著名中醫。即使不太熟悉中醫歷史的讀者，也多少能說出一些華佗的事蹟。華佗可以「以酒服痲沸散，既醉無所覺，因刳破腹背，抽割積聚。若在腸胃，則斷截湔洗，除去疾穢，既而縫合，傅以神膏，四五日創癒，一月之間皆平復。」[1]可見其外科手術技術之高明。雖然其事蹟常被後世史家懷疑為是誇大或杜

1 范曄，〈華佗傳〉，《後漢書》（臺北：鼎文書局，一九八一）卷八二，頁二七三六。

撰，已有不少討論，[2]但其外科之故事已深植人心，直至近代以來，西醫東傳至中國，形成一套「西醫常於外科、中醫常於內科」的刻板印象，不少人士才開始想到中醫外科的起源與技術，並思考它是怎麼落於人後的？華佗的歷史故事，總是一再被拿出來探討。[3]

幾乎沒有研究者注意到華佗的另一項絕技，而又能證明華佗之事爲眞的故事，就是華佗善於治療寄生蟲病的技術。《後漢書》記載了兩則故事：有一天，華佗在外行走，看見一個罹患「噎塞」的病患，狀甚痛苦，似乎有什麼東西卡在食道中。華佗便對病人說：「前面路邊有賣餅的人，他用的萍薺（一種浮萍製成的酸菜）甚酸，你向他要來三升喝下，病就會好。」病人果然照辦，喝下之後，立刻從嘴中吐出一條蛇來。隨後，病人便把蛇掛在車上等候華佗，希望能再遇到這位恩人。當時華佗的小兒子正在門內玩耍，看見病人後，請他進來華佗家，對這

清代《三國演義》繡像中的華佗。

位病人說到：「您的車邊有懸掛一條蛇，一定是見到我家老爸了。」這位病人覺得半信半疑，進到屋內一看，看到華佗家中北面牆壁上掛著十多條蛇，才知道華佗的醫術奇妙。[4]華佗爲何將其掛在家中牆上，或許是爲了觀察與研究，但那些蛇是什麼生物？背後說明什麼問題？以下透過傳世文獻和出土古屍之地下史料，加以梳理。

二、無能爲力的醫者

這段故事顯示，華佗顯然非常懂得「治蛇」，那從病患口中吐出的蛇，到底是什麼

2 李建民，〈失竊的技術——《三國志》華佗故事新考〉，《古今論衡》一五期（二〇〇六），頁三—十六。

3 例如李建民，《華佗隱藏的手術——外科的中國醫學史》（臺北：東大圖書公司，二〇一一）。以及于賡哲，〈被懷疑的華佗——中國古代外科手術的歷史軌跡〉，《清華大學學報（哲學社會科學版）》卷二四期一（二〇〇九），頁八二—九六。而論華佗在近代被挪用、記憶的歷史，則可參考趙婧，〈柳葉刀尖——西醫手術技藝和觀念在近代中國的變遷〉，《近代史研究》五期（二〇二〇），頁二六—四三。而論述近代中醫對傳統技術之言論與改革之契機，可參考皮國立，〈現代中醫外、傷科的知識轉型——以醫籍和報刊為主的分析（一九一二—一九四九）〉，《故宮學術季刊》卷三六期四（二〇一九），頁六一—一二〇。

4 范曄，〈華佗傳〉，《後漢書》卷八二，頁二七三七。

生物呢?筆者認爲，不太可能從病患口中能吐出眞的蛇，合理的解釋應該是像蛇一樣的寄生蟲。這個故事不是偶然，同樣在史料中記載另一則故事，就是廣陵太守陳登，忽然罹患了胸中煩悶之症，說不上來到底是什麼病，臉部常常發紅、食慾不佳。他找了華佗來幫他把了脈，華佗說：「先生是胃中有蟲，將成爲內疽，這是吃多了腥物的緣故。」於是華佗爲其煎製藥湯二升，讓陳登喝了兩次；不久，竟然吐出約三升的蟲。這是什麼蟲呢?史書描述這些蟲都有紅色的頭，蠕蠕而動，後半節還看得出是生魚膾，活跳跳的。吐出蟲後，陳登的病況立刻轉好。但華佗卻說：「這病過了三年後還是會發作，到時若遇上良醫才可得救。」三年後，陳登的蟲病果然復發，當時華佗不在，陳登就死了。[5]其實細心的讀者，若通讀華佗的歷史故事後就可發現，華佗料病如神，診斷精準，但很多疾病其實都沒能治好，包括這則在內，而且不少病患最後都死亡了。故後世只用「神奇」來觀其技術，是不準確的，不少疾病仍是華佗無能爲力的。

筆者在撰寫另一篇論文時，也發現一則史料很有意思。在民初《診餘集》(一九一八)內，記載一則有趣的醫案：描述一位年約三十多歲的陳姓婦人，「膈中時痛時止，痛時如針刺，止則亦無所苦，飲食如常，二便亦利，肌肉瘦削。」，中醫斷定她「一定是食管有蟲黏住不下，在至高之處，殺蟲等藥又不能及。」故用吐法，使病患嘔吐，結果「所吐之水穀痰涎半桶，以清水淘淨，撿出蟲二十餘條，形如鮎魚，頭闊尾銳，色紫有黑點、旁有兩目、中有一口，其蟲軟而能伸縮，見風片刻即死，究不知何名？」這位中醫推測是病患吃進含有「螞蟥」的食物，導致螞蟥黏在食道上。[6]不過，這二十幾條像鮎魚的蟲到底是何生物，若眞的是螞蟥？在醫學上來說較不可能，因爲螞蟥非寄生蟲，牠需要空氣，也無法在吸完血後續黏在食道上，那麼，一條條像鮎魚的蟲可能是什麼呢？讓筆者聯想到前述陳登吐出的「生魚膾」。可能在缺乏現代寄生蟲知識下，傳統中醫較難理解他們看到了什麼。另一則醫案，《後漢書》與《三國志》的記載一致，皆引〈華佗別傳〉，是這樣陳述的：

> 琅琊劉勳爲河內太守，有女年幾二十，左腳膝裏上有瘡，癢而不痛。瘡愈數十日復發，如此七八年，迎佗使視，佗曰：「是易治之。當得稻糠黃色犬一頭，好馬二匹。」以繩繫犬頸，使走馬牽犬，馬極輒易，計馬走三十餘里，犬不能行，復

5 范曄，〈華佗傳〉，《後漢書》，卷八二，頁二七三八。

6 余景和，〈膈内生蟲〉，《診餘集》，收入沈洪瑞、梁秀清主編，《中國歷代醫話大觀》，頁一五六九—一五七〇。

令步人拖拽，計向五十里。乃以藥飲女，女即安臥不知人。因取大刀斷犬腹近後腳之前，以所斷之處向瘡口，令去二三寸。停之須臾，有若蛇者從瘡中而出，便以鐵椎橫貫蛇頭。蛇在皮中動搖良久，須臾不動，乃牽出，長三尺所，純是蛇，但有眼處而無童子，又逆鱗耳。[7]

此處又可見到身體內的「蛇」，這次不是用吐出來的，而是拉出來的。[8]華佗的傳記顯示，他善於治療體內的「蛇」病，有些沒有能完全治好，而上述這位女子的病雖然很神奇，但其實也沒有說治癒，只能推斷華佗很善於治療「蛇」病。即使身懷絕技的華佗，極可能只能緩解「蛇」病的症狀。不過，陳登最後在發病時，無人可協助治療而病發身亡的敘事，顯示當時醫者並沒有能力完善處理體內「蛇」病的問題。

三、從文獻足徵到古屍絮語

接下來的疑問是，這些從體內吐出、拉出來的蟲或蛇，到底是什麼動物？[9]根據史料記述，會蠕動、很像蛇或生魚的外型來看，現今所知長達二十公分以上者，依據長度來看有條蟲、蛔蟲二種寄生蟲，較符合史籍所載。而鈎蟲大約一公分左右，血吸蟲肉眼也可見，但卻小於一公分，應該都不具蛇的外表，也不可能如史籍所載，掛在牆壁上展示。[10]

若再根據出土的古屍來印證，則可以更清楚華佗處理的疾病到底是什麼。中國科學技術大學科技史與科技考古系的研究人員，曾透過新石器時代河南省漯河市賈湖遺址挖掘時收集的「腹土」來進行分析鑑定，發覺土內即有蛔蟲卵、鞭蟲卵和條蟲卵，

7 嚴世芸等編，《三國志・華佗傳》，《三國兩晉南北朝醫學總集》（北京：人民衛生出版社，二〇〇九），頁四四〇。

8 這則史料，華佗處理的是何種蟲？難以推測。但《諸病源候論》內談到寄生蟲疾病時，對於蟯蟲的記載寫到：「蟯蟲至細微，形如菜蟲也，居胴腸間，多則為痔，極則為癩，因人瘡處，以生諸癰、疽、癬、瘻、瘑、疥、齲蟲，無所不為。」可見蟯蟲可能會以外科疾病「癰疽」的形式來呈現病癥。但或許是我們今日蟯蟲並不這麼嚴重，這些症狀，似乎都不是罹患蟯蟲病的主要症狀，而寄生蟲長度大概是最值得商榷的部分。筆者認為，「無所不為」代表當時蟯蟲病的流行是嚴重的，人們清楚理解，只是不是每種症狀皆由蟯蟲所引起，這是病因論述還未發達所致。引自巢元方原著，南京中醫學院校釋，《諸病源候論校釋》下冊（北京：人民衛生出版社，一九八〇），頁一三六七。

9 筆者認為，在史料陳述上，「蟲」和「蛇」顯然是兩種不同外形的生物，筆者認為，在當時可能都是指不同外在型態的寄生蟲，詳下。

10 皮國立，〈從論「蟲」到治療江南「血吸蟲」的近代中醫史〉，《江南視域下的醫療社會文化史研究》（上海：上海科學技術出版社，二〇二一），頁二一一二七。

代表古人普遍受這幾種寄生蟲之侵害。[11]而兩湖地區的戰國楚墓古屍上發現的寄生蟲，距今也已兩千三百多年，即有肝吸蟲、蛔蟲、鞭蟲等蟲卵被發現。[12]這些歷代出土的古屍，身上同時存有二、三種寄生蟲的情況，實屬常見。最知名的例子，莫過於一九七二年在湖南省長沙市馬王堆一號漢墓出土的女屍「辛追夫人」（約前三世紀—前一八六年），她是西漢吳氏長沙國丞相利蒼的妻子。該女屍出土時的場景頗令人震撼，她身高一五四公分，體重三十四公斤，雖在地下沉睡了兩千一百多年，但外型保存完整，皮下組織柔軟且仍有彈性，關節尚可活動，是世界考古史上較少見的「濕屍」，通常我們看到的都是乾屍，例如木乃伊可爲代表。當年十二月，中國總理周恩來（一八九八—一九七六）批准對女屍進行解剖與研究，有一說是爲了給當時

復原之辛追夫人塑像。PHOTOED BY Flazaza.

已處在退化中的毛澤東尋找康復之辦法，不過這也只是傳言，但解剖行動確實於當月於湖南省博物館二樓展廳內解剖，由年僅四十歲的外科醫師彭隆祥主刀，在當時引發很大的關注。經解剖後發現，辛追夫人患有心臟血管疾病、膽結石、全身性動脈硬化，右上肺有結核病灶，右前臂曾經骨折，在直腸和肝臟內則有鞭蟲、蛔蟲、蟯蟲和血吸蟲感染之跡象。從病症推斷與解剖發現，其食道、胃及腸內有甜瓜子多顆，死亡時間應在夏天，可能是吃了生冷甜瓜後引發膽絞痛，由此誘發冠狀動脈痙攣，導致心臟衰竭或嚴重心律不整而猝死。[13]如此看來，她的死因可能和寄生蟲無關，但她身爲貴族，身上竟然有如此多的寄生蟲寄生，那麼可以想見當時社會寄生蟲病流行之嚴重性。可見華佗傳記中陳登之死因，可能也不是單一種「蟲」所導致的，因爲數種蟲在身上，往往能致命的

11 「腹土」指當人體死亡並被埋葬後，隨著屍體的腐爛，腹腔內的物質就會逐漸滲入周圍的土壤中，腹腔內所含的寄生蟲卵也就隨之進入人體腹部填土之中。取該位置的土壤來進行分析，則可分析古屍生前所罹患之寄生蟲疾病。引自張居中、任啓坤、翁屹、藍萬里、薛燕婷、賈楠，〈賈湖遺址墓葬腹土古生物的研究〉，《中原文物》三期（二〇〇六），頁八六—九〇。

12 雷森、胡書儀，〈湖北省江陵縣馬山磚廠一號戰國楚墓古屍發現寄生蟲卵〉，《寄生蟲學與寄生蟲病雜志》一期（一九八四），頁八。

13 這段研究可參考湖南醫學院主編，《長沙馬王堆一號漢墓古屍研究》（北京：文物出版社，一九八〇）。

不一定能夠確實明瞭，而當時人的肚子內，或許都有數種寄生蟲「寄居」。[14]

事實上，就東漢以降的醫書文獻所見，對寄生蟲描述的文字實在不少。[15]王充（約二七—九七）在《論衡・商蟲》篇就寫到：「人腹中有三蟲」，而且「三蟲食腸」。《神農本草經》則載「天門冬」和「薏苡仁」兩藥可殺滅「三蟲」。[16]晉代葛洪原輯，再經南朝梁陶弘景補輯的《補闕肘後百一方》內記載：「葛氏療蛔蟲，或心如刺，口吐清水方：搗生艾取汁，宿勿食，但取肥香脯一方寸片先吃，令蟲聞香，然後即飲一升，當下蛔。」另一法爲「取有子楝木根，銼之，以水煮令濃赤黑色，汁合米，煮作糜，宿勿食，清朝準前先吃香脯，令蟲舉頭，稍從一匕爲始，小息後一匕，食半糜，便下蛔蟲。秘不傳。」[17]由這兩段話可以看出，至少在南朝時，已發展出不同於華佗時代「吐蛇」的治法，而是用香味和食物引蟲出現，然後灌以生艾汁，用下法將蛔蟲排出體外，而且有秘傳之意，是一種具備珍貴價值之療法，但後來也爲《外臺秘要》等書抄錄，[18]該方依舊秘傳，但全書卻增加了不少方劑，可見整體治法還處於發展中，也可以說明當時人們已覺察寄生蟲病之嚴重性與流行，故對這幾類寄生蟲病的觀察愈加細緻。[19]

根據民初學者研究，《諸病源候論》內有「九蟲」之說，[20]但其中有六種不知所以然，僅有蚘蟲、白蟲和蟯蟲等三蟲較能確定與今日所知的寄生蟲密切相關。[21]當中的

「蚘蟲」即蛔蟲，是一種歷史悠久的人體寄生蟲，在新石器時期的遺址中即已發現此蟲。另一說法同出於《諸病源候論》卷五〇，有所謂的「三蟲候」，指的是長蟲、赤蟲（筆者按：即薑片蟲）和蟯蟲。後人認爲，長蟲就是蛔蟲，與上述名稱略有不同，乃這三種蟲更爲常見，所以另立一名。[22]這雖然是隋代的說法，但「三蟲」之說應該更早，至少在華佗之後的曹魏時，已開始探詢各種治療藥物，例如與吳普同爲華佗弟子的李

14 李友松，〈中國古屍寄生蟲學研究之綜述〉，《人類學學報》三卷四期（一九八四），頁四〇七—四一一。

15 許多論述可見開創性的研究，有關本文主要探討的蛔蟲與條蟲部分，可參考范行準，《中國病史新義》（北京：中醫古籍出版社，一九八九），頁三二一—三二五；三二八—三三二。

16 蕭璠，〈中國歷史上的一些生活方式與幾種消化道寄生蟲病的感染〉，發表於中央研究院歷史語言研究所「生命醫療史研究室」主辦：「『疾病』的歷史」研討會（二〇〇〇．六．一六—一八），頁一—四二。

17 嚴世芸等編，《補闕肘後百一方》，《三國兩晉南北朝醫學總集》，頁四八一。

18 該現象可參考皮國立，〈傳抄整理與意欲創新——魏晉時期「傷寒」的方書脈絡與疾病觀〉，《東海大學文學院學報》五四期（二〇一三），頁一四七—一七六。

19 王燾原著，張登本主編，《王燾醫學全書》（北京：中國中醫藥出版社，二〇〇六），頁六五八。

20 范行準做過三蟲與九蟲之考證，但他最後講到中國傳統對寄生蟲病的認識，到六朝後就沒有再進步了，筆者認為推斷錯誤，因為沒有考察藥方。可參考本文後面論述。引自范行準，《中國病史新義》，頁三一九—三三〇。

21 宋大仁，〈中國古代人體寄生蟲病史〉，《醫史雜誌》二、三與四期（一九四八），頁四四—五五。

22 巢元方原著，南京中醫學院校釋，《諸病源候論校釋》下冊，頁一三六七—一三六八。

當之，在《藥錄》中就有：「檳榔生南海。主消穀逐水，除痰澼，殺三蟲、伏屍、寸白。」[23]顯示殺體內寄生蟲之概念，已於此時逐步發展，而檳榔療治寄生蟲之論述，也在隋唐時出現在各種醫籍中，而且出現了各種方劑。[24]

現代醫學觀察，寄生於人體內的蛔蟲一般爲數十條，嚴重者可併發膽道蛔蟲病，出現腹痛、嘔吐、吐出蛔蟲的症狀。寄生蟲不僅來自衛生條件差，也與飲食習慣有關。再回溯至秦漢，古人在對飲食的觀察中，已歸納出人類吃的某些肉，或某些牲畜內臟中，可能藏有寄生蟲，例如《金匱要略．禽獸魚蟲禁忌並治》內載：「牛肉共豬肉食之，必作寸白蟲。」以及「牛肺從三月至五月，其中有蟲如馬尾，割去勿食，食則損人。」[25]而秦漢之人，喜食生魚生肉，同書可證：「食生肉，飽飲乳，變成白蟲。」這個白蟲古人又稱「血蠱」，即寸白蟲，一般認爲就是條蟲。[26]又記載：「羊肉不可共生魚、酪食之，害人。」[27]可見古人確實頗多食用生魚、生肉之習慣，這將使得感染包括華支睾吸蟲、條蟲、蛔蟲、蟯蟲、鞭蟲在內的各種寄生蟲病的可能性大爲提高。[28]此外，即便不吃生肉，烹煮不當，或是肉類和魚類沒有全熟，一樣有感染風險，例如：「牛羊豬肉，皆不得以楮木桑木蒸炙，食之令人腹內生蟲。」可見這些肉即使經過烹煮，也有可能還會有寄生蟲，大概肉切得太大塊，即使經過炙烤，肉塊中間仍無法達至全熟，吃下去就有可能感染寄生蟲。[29]

再談到一九七五年的知名案例，湖北江陵鳳凰山出土的男屍遂少言（死者葬於漢文帝十三年，西元前一六七年），身上更有日本血吸蟲、鞭蟲、肝吸蟲、條蟲（時人稱寸白蟲）等四種蟲卵。同樣的，前三種都極爲細微，不可能具有「蛇」的可見型態，只有條蟲可能長至五十公分至一公尺左右，現代仍可見寵物吐出條蟲的報導。古代即有：「多食牛肉，則生寸白」的記載，因爲條蟲的白色節片會脫落，隨人的糞便被排出人體外，肉眼即可見「寸白」，此即以外型定名。[30]而在療治寸白蟲方面，《補闕肘後百一方》內也有記載療法，而且有時和治療蛔蟲之方式一致，都是透過下法排出，例如：

23 嚴世芸等編，《三國兩晉南北朝醫學總集》，頁六八。
24 林富士，〈中國隋唐五代時期的檳榔文化〉，《新史學》期二九卷二（二〇一八・六），頁一—六一。
25 以上三段引自何任主編，《金匱要略校注》，頁二四三。
26 何任主編，《金匱要略校注》（北京：人民衛生出版社，一九九〇），頁一九八—二〇〇。
27 以上三段引自何任主編，《金匱要略校注》，頁二四四。
28 彭衛，〈漢代女性的身體形態與疾病〉，《浙江學刊》六期（二〇〇九），頁三十—四一。
29 以上三段引自何任主編，《金匱要略校注》，頁二四三。
30 更多論述可參考蕭璠，〈關於歷史上的一種人體寄生蟲病：曼氏裂頭蚴病〉，《新史學》六卷二期（一九九五），頁四五—六五。

「淳漆三合、豬血三合，合和，微火煎，不著手藥成，宿不食，旦還依前食脯法，呑如大豆百丸，日中悉出，亦主蛔蟲。」又一法爲「熟煮豬脂血，且飽啖，蟲當下。又濃汁煮檳榔三十枚，飲三升，蟲即皆出。」[31]這些方劑都可以治療寸白蟲，特別是包括前述的先吃肉乾再吃藥排出蟲體，似乎對蛔蟲與條蟲都有療效，而且這些方劑也持續傳承至唐代的醫書內。該蟲的品種與學名，還值得進一步探究，非此文所能全然分梳，例如有一種曼氏裂頭條蟲，曾廣泛流行於中國南方省分，病患多爲飲用未經處理的飲用水，比如郊區溪澗，或食用生的、未煮熟的蛙肉、淡水魚、蛇肉乃至雞肉等，都有機會透過飲食，將帶有幼蟲的水或生物吃下肚。而現代已知，吃到不清潔或生的牛、豬肉，都可能感染條蟲，而該例古屍的陪葬品中，有牛肉塊的存在，可說明死者嗜食牛肉，但陪葬品中也有乳豬骨骼多具，故亦有學者推測該蟲卵爲鏈狀帶條蟲，即曾廣泛流行於中國的豬肉條蟲。[32]

而華佗醫案中所吐之蟲，也有可能是蛔蟲。在東漢張仲景所編著的《金匱要略》內，就有記載：「問曰：病腹痛有蟲，其脈何以別之？師曰：腹中痛，其脈當沉，若弦，反洪大，故有蚘蟲。」蚘的異體字就是「蛔」，故其症狀之述，即在論述蛔蟲。又同一卷有記載：「蛔蟲之爲病，令人吐涎，心痛，發作有時，毒藥不止，甘草粉蜜湯主之。」根據何任的解讀，此「粉」可能是指鉛粉，「不止」二字，代表它只是暫時充當殺蟲藥，日後仍會「發作有時」，可見東漢末年的張仲景，也無法處理該病，其實和華佗的狀況是一樣的。另一段條文記載：「蛔厥者，其人當吐蛔。令病者靜而復時煩，此爲臟寒，蛔上入膈，故煩，須臾復止，得食而嘔，又煩者，蛔聞食臭出，其人當自吐蛔。」細審這段文字，明確指出蛔蟲是會被吐出來的，而其出方「烏梅丸主之」，一般也認爲不是殺蟲，而是溫補脾胃，反而是要保持身體氣血穩定，與蛔蟲

萬曆刻本《本草蒙筌》卷首載「歷代名醫圖」中的張仲景像，轉繪自《醫學源流》。

31 嚴世芸等編，《補闕肘後百一方》，《三國兩晉南北朝醫學總集》，頁四八一。

32 魏德祥、楊文遠、馬家驊、胡文秀、黃森琪、盧運芳、謝年鳳、蘇天成，〈江陵鳳凰山一六八號墓西漢古屍的寄生蟲學研究〉，《武漢醫學院學報》三期（一九八〇），頁一－六。

和平共存，所以當時面對這種寄生蟲病，醫者是無能為力的，[33]雖然生蟲這件事並不會導致立刻死亡，但古人也觀察到「食膾，飲乳酪，令人腹中生蟲，為瘕。」[34]體內的寄生蟲還會導致腹內的積聚與腫塊等疾患，在當時仍屬於難治之病。到隋代，對於蛔蟲的診斷與認識都有所進步，例如書內所載：「蛔蟲者，九蟲內之一蟲也。長一尺，亦有長五六寸者。或因腑臟虛弱而動，或因食甘肥而動。其動則腹中痛，發作腫聚，行來上下，痛有休止，亦攻心痛。口喜吐涎及清水，貫傷心者則死。診其脈，腹中痛，其脈法當沉弱而弦，今反脈洪而大，則是蛔蟲也。」[35]對於蛔蟲外型之描述、病症之診斷和症狀之描述，都更為詳細了。

四、結論

由上可知，極可能華佗能夠達到緩解，卻無法眞正治好的寄生蟲「吐蛇」病，就是條蟲或蛔蟲。華佗在晚年授其徒弟樊阿的「漆葉青黏散」，藥方組成與功效為「漆葉屑一升，青黏屑十四兩，以是為率。言久服，去三蟲，利五藏，輕體，使人頭不白。」其中，「去三蟲」即指該方乃治療寄生蟲之專方，[36]可見寄生蟲在當時有方可治，但能不能斷根，是個大問題；而當時飲食和環境之條件，也可能讓患者反覆感染與發作。在治療方劑的種類和方法上，從華佗時代到隋唐，方劑不但種類、數量增多，治法也從華佗的吐法漸漸改成下法，從這邊也可以看出在治療技術上，隨時間進步是正常的，原本常說華佗許多方劑失傳了，可能不是那麼眞確，因爲後代可能發展出更多更好的治療辦法，而對寄生蟲的描述，也可以看出後人之觀察、分類都愈來愈細緻，沒有人再談及「吐蛇」了。

本文上窮碧落下黃泉，引證中國古屍之研究，發現多項考古資料中，也證實古人罹患寄生蟲疾病的情況相當嚴重，故當時這類患者都只能「帶病延年」。或許從另一個角度看，經過上面的梳理，華佗的故事雖然令後世感到奇異獨特，但並未失去其合理性，而且可能是當時日常疾病之縮影，由此又可反證其史事爲眞。古書所引的例子，是在說明華佗可以操持這樣的技術，非常神奇，而非指成功率或治癒率很高這件事。二十世紀

33 何任主編，《金匱要略校注》（北京：人民衛生出版社，一九九〇），頁一九八—二〇〇。
34 以上三段引自何任主編，《金匱要略校注》，頁二五二。
35 巢元方原著，南京中醫學院校釋，《諸病源候論校釋》下冊，頁一三六八。
36 范曄，〈華佗傳〉，《後漢書》卷八二，頁二七四〇。

中期後，由於藥物之發達，直接減少了人們感染嚴重寄生蟲病之危險，再加上衛生觀念發達，包括飲用水煮沸、食物烹調技術之改變，人們感染寄生蟲病的機率已經降低許多，即使感染，眞的也比較少見到「吐蟲」這樣可怖的景象了。

以驢爲藥

——《本草綱目》中的驢藥論述

劉世珣
國立故宮博物院書畫文獻處助理研究員

一、前言

驢在傳統中國社會的日常生活中具有重要意義，但較少受到學界關注；尤其是做爲藥物來使用，尚有諸多討論空間。目前關於中國歷史上驢的研究成果爲數不多，僅有少數學者研究驢在中國帝制晚期和現代華北地區，在農業、交通以及商業中的多種作用；亦有部分學者分析中國詩人騎驢的文學和藝術比喻。[1]至於做爲藥物的驢，除了「阿

1 相關討論詳見：彭鵬，〈中國山水畫中騎驢形象解讀〉，《藝術探索》，第四期（廣西，二〇〇九），頁一五—一七；張伯偉，〈東亞文學與繪畫中的騎驢與騎牛意象〉，收入石守謙、廖肇亨編，《東亞文化意象之形塑》（臺北：允晨文化，二〇一一），頁二七一—三三〇；Peter C. Sturman, "The Donkey Rider as Icon: Li Cheng and Early Chinese Landscape Painting,"

膠」之外，鮮爲人知。然而，驢全身上下幾乎都可以入藥，除驢皮製成的阿膠外，尚包括：驢頭、驢肉、驢脂、驢髓、驢血、驢乳、驢陰莖、驢毛、驢骨、驢溺、驢屎、驢耳垢等，這些驢藥的製作、療效和使用禁忌，值得詳加探究。

明代藥學家李時珍（一五一八－一五九三）所著之《本草綱目》，係以宋代唐慎微（一〇五六－一一三六）《經史證類備急本草》爲藍本，同時參考、援引歷代本草方書，並配合作者自身所做之各種實驗、考察撰寫而成。李時珍認爲宇宙萬物存在一種內在秩序，且這種秩序不需被證明，而是可從經驗角度來完整解釋其分類結構。是以《本草綱目》致力於將物種知識整理成一個有層次的分類體系，企圖再現一種「從賤至貴」，從最低到最高的自然階層，呈現出先水、火再土，金石次之，而後草、穀、菜、果、木、服器，再到最後的蟲、鱗、介、禽、獸，並

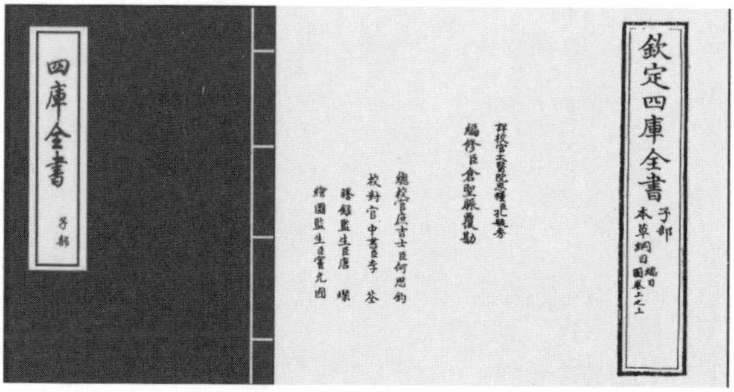

《本草綱目》四庫全書本。

李時珍畫像。

以人作終的分類順序。惟此種分類順序並非根據物質做爲藥物的用途來進行人爲劃分，而是基於人們所感知到的自然秩序。[2]

在《本草綱目》此種分類順序下，獸藥位階高居第二，僅次於人藥，當中的驢藥種類更高達十九種之多。就論述內容而言，《本草綱目》不僅集驢藥知識之大成，更新添諸多驢藥種類。因此，以《本草綱目》爲討論主軸，一方面可以一覽歷代本草論著對驢藥的敘述，另一方面亦可從中分析、比對驢藥知識論述和驢藥製作隨時間出現的變化。本文即以此爲考察起點，試圖探究在本草世界中，驢如何被描述？驢以不同的部位入藥，其所表現的「物性」和預設的「療效」是什麼？本文擬探討歷史上人們如何理解驢的藥物屬性，向讀者展示驢藥的物質面、知識面以及實作面，進而重新省思驢在近代本草知識傳統中的位置與重要性。

Artibus Asiae 55:1-2（1995）, pp. 43-97; Meir Shahar, "The Donkey in Late-Imperial and Modern North China," *Asia Major* Volume 30, part 2（Taipei, 2017）, pp.71-100.

2 李時珍，《本草綱目》（北京：人民衛生出版社，一九七五），〈凡例〉，頁三三；費德里柯．馬孔（Federico Marcon）著，林潔盈譯，《博物日本：本草學與江戶日本的自然觀（*The Knowledge of Nature and the Nature of Knowledge in Early Modern Japan*）》（臺北：衛城出版，二〇二一），頁七一、七七。

二、驢藥範疇與類型

唐顯慶二年（六五七），蘇敬（五九九—六七四）奏請重修本草，得到朝廷許可。他在陶弘景（四五六—五三六）《神農本草經集注》的基礎上，重新修訂而成《新修本草》，新增了胡椒、茴香等藥物，以及大量的注說、藥圖與圖經。在《新修本草》中，已可見驢入藥的記載，但此時的「驢」並未成爲一種藥物分類，僅驢屎、驢尿、驢乳以及尾下軸垢收入其中，列於「獸禽・獸下」項下，爲獸部藥中的下品藥。[3]

降至宋代，唐慎微在《嘉祐本草》與《本草圖經》的基礎上，補充大量基本資料，拓展本草學內容，進而撰成《經史證類備急本草》。在《經史證類備急本草》中，「驢」依然未成爲一種藥物分類，而是以「驢屎尿乳軸垢等」之名收錄在「獸部

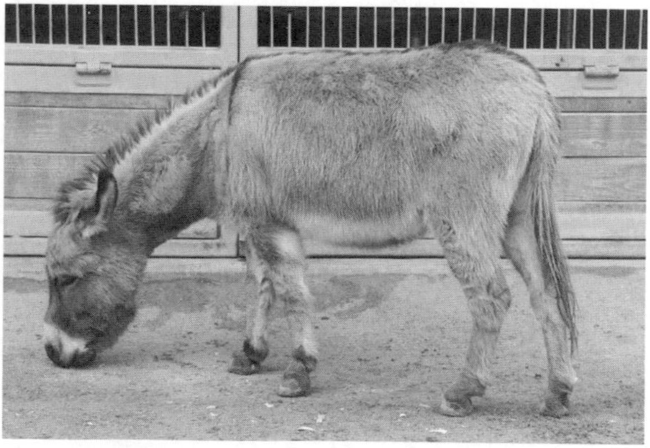

驢。PHOTOED by Raul654.

下品」，所述驢藥種類包括：驢屎、尿、乳、尾下軸垢、肉、脂、頭、皮、骨、蹄，以及驢毛、驢耳垢、驢駒衣。由此觀之，《經史證類備急本草》中的驢藥範疇，較《新修本草》擴大不少。[4]此爲驢肉、驢頭、驢脂、驢骨、驢毛、驢耳垢、驢駒衣等首次見於主流本草文獻之中，顯示宋人對驢的認知更爲豐富，擴大了以驢爲藥的內涵，爲日後「驢」單獨成爲一種本草分類奠定了基礎。

進一步來看，《經史證類備急本草》有關驢屎、驢尿、驢乳、尾下軸垢的文字敘述，與《新修本草》大同小異，只是幾個字略有更動：「草驢尿」改爲「牝驢尿」，「父驢尿」寫成「駁驢尿」，「燦水」改成「燥水」，「使利」寫爲「使痢」，「噉一枚」改爲「食一枚」，「主瘧」寫成「療瘧」，惟這些字的更動，並未影響其意。同

3 蘇敬，《新修本草》（臺北：中央研究院藏，日本森氏舊藏本），卷十五，〈獸禽．獸下．驢屎等〉，頁一三一一四；鄭金生，《藥林外史》（臺北：東大圖書股份有限公司，二〇〇五），頁十六－十七。

4 由於文章篇幅有限，加以《經史證類備急本草》並非本文討論重點，故此處暫時不深入討論《經史證類備急本草》的驢藥範疇較《新修本草》擴大不少的原因。不過，仍可推斷除了宋代藥物學發展興盛之外，唐慎微（一〇五六－一一三六）「為士人療病，不取一錢，但以名方秘錄為請」，故士人「每於經史諸書中得一藥名，一方論，必錄以告，遂集為此書」，亦很有可能是《經史證類備急本草》之驢藥範疇較為廣泛的重要原因之一。詳見：唐慎微撰，寇宗奭衍義，《重修政和經史證類備用本草》（臺北：中央研究院藏，元定宗四年張存惠晦明軒刻本），〈翰林學士宇文公書證類本草後〉，頁五三。

時，《經史證類備急本草》亦援引《外臺秘要》、《開寶重定本草》、《廣利方》等本草方書，針對此藥的製作和療效進行補充說明。至於新增之驢肉、脂、頭、皮、骨、蹄、毛、耳垢以及驢駒衣的敘述內容，則多援引《備急千金要方》、《食醫心鏡》、《簡要濟衆方》、《嘉祐補注神農本草》、《傷寒類要》等文本而來。《經史證類備急本草》之後歷經多次校勘，陸續以《經史證類大觀本草》、《政和新修經史證類備用本草》、《重修政和經史證類備用本草》等書名流傳，然這些本草論著關於驢藥的記載與《經史證類備急本草》幾乎無任何差異，且仍然以「驢屎尿乳軸垢等」之名列在「獸部下品」。[5]

《經史證類備急本草》以後的四百餘年間，不曾有大型本草書問世，一直要到明弘治十八年（一五〇五），太醫院判劉文泰（生卒年不詳）編纂《本草品彙精要》。在《本草品彙精要》中，「驢」仍然未成爲一種藥物分類，但一改「驢屎尿乳軸垢等」的名稱，變成以「驢屎」之名收錄在「獸部下品」，然其論述範疇不僅限於驢屎，而是包括：驢屎、乳、尾下軸垢、肉、脂、頭、皮、骨、蹄以及驢毛、驢耳垢、驢駒衣等。惟其論述內容，依然大抵不脫前述《新修本草》、《經史證類備急本草》等本草書所載。[6]

爾後，明代藥學家李時珍在總結明代以前之本草學的基礎上，配合自己的親身考察，歷時多年撰寫成藥物學巨著——《本草綱目》。此書大抵依循「正名」（標準名稱）、「釋名」（過去或不同地區的所有名稱）、「集解」（產地、季節、形態、屬性、採收）、「正誤」（糾正從前資料對物種描述的錯誤）、「修治」（提取、炮炙、保存）、「氣味」（劑量、味道、毒性）、「主治」（功效說明）、「發明」（側重闡述藥性理論、用藥要點及李時珍的學術見解）、「附方」（廣錄以該藥為主藥的處方集）等條目撰寫本草藥物，其中既包括歷代的知識累積，亦蘊含作者的獨到見解。[7]

《本草綱目》相當重視本草名稱的分析，因為李時珍認為本草名稱揭示了它們的性質、基本屬性、和宇宙萬物的關係，及其在本草知識傳統中的適當位置。李時珍尤其重視本草在不同地理區域或歷史時期之名稱的來源和意義，此種分析為歷代本草書所無。

---

5 唐慎微，《經史證類備急本草》（臺北：中央研究院藏，宋版），卷十八，〈獸部下品・驢屎尿乳軸垢等〉，頁六一八；唐慎微撰，寇宗奭衍義，《重修政和經史證類備用本草》，卷十八，〈獸部下品・驢屎尿乳軸垢等〉，頁八。

6 劉文泰等編，《御製本草品彙精要・獸部》（臺北：中央研究院藏，清康熙四十年進呈寫本），卷二五，〈下品・驢屎〉，頁十五—十七。

7 費德里柯・馬孔著，林潔盈譯，《博物日本：本草學與江戶日本的自然觀》，頁五九。

李時珍之前的本草書從未明確定義何謂「驢」，《本草綱目》則是一開始即從動物力量之所在來區別驢和馬：「驢，臚也。臚，腹前也。馬力在膊，驢力在臚也。」意思是驢的力量集中於腹前、上腹部，馬的力量則多集中於肩。李時珍接著描述驢的外觀：長頰廣額，磔耳修尾；並指出其特性在於夜鳴應更，性善馱負。同時，他也分析不同地方所產之驢的特色：女直、遼東出野驢，牠們與驢相似，但顏色駁雜，其鬃尾長，骨骼大；西土出山驢，有角如羚羊；東海島中則出海驢，能入水而不浸濕。[8]

值得注意的是，《本草綱目》有鑑於「三品雖存，淄澠交混，諸條重出，涇渭不分」，故打破本草書沿用已久之「上、中、下」三品分類法，改以「一十六部為綱，六十類為目，各以類從」的分類方式，本草知識分類就此重新被建構，《本草綱目》亦因而成為中國本草分類的新典範，本草也因此從藥物學一躍成為博物學範疇。在《本草綱目》知識分類架構下，「驢」成為一種藥物分類名稱，歸於「獸部・畜類」項下，不再以先前所述之「屎」、「尿」、「乳」等驢體的部分出現，而是以一完整的個體呈現。這種驢藥知識分類的轉變，暗示著驢藥的內涵就此擴大，除了先前本草書所收錄的驢屎、驢尿、驢乳、驢肉、驢頭肉、驢脂、驢骨、驢毛、驢駒衣、尾（下）軸垢以外，《本草綱目》增添驢髓、驢血、驢陰莖、驢頭骨等驢藥種類。[9]

三、驢藥的製作和療效

《本草綱目》記載驢有褐、黑、白三色，「入藥以黑者爲良」。惟驢藥以黑（烏）驢製作爲佳並非李時珍首倡，早在宋代《經史證類備急本草》即記載按《蜀本草》，「驢色類多，以烏者爲勝」。然而，爲什麼是以黑驢入藥爲佳？《蜀本草》、《經史證類備急本草》以及《本草綱目》皆未解釋。不過，明代醫者盧和（生卒年不詳）《食物本草》所載「烏（黑）驢者，蓋因水色以制熱則生風之意」一句，揭示了謎底。此句中有幾個關鍵詞彙——「烏（黑）」、「水」以及「制熱則生風」，而「五行」與「五色」爲理解此句的重要概念。「五行」指的是「木、火、土、金、水」五種常見的物質元素或形態，分別對應自然界中「青、赤、黃、白、黑（烏）」五色。由此觀之，「黑」對應至五行中的「水」，而水可抑制因外感熱邪太甚，傷及營血，燒灼肝經，進而使體內產生高熱所導致的生風病變，諸如：兩目上視、躁擾不安、神志不清、胡言亂

8 李時珍，《本草綱目》，卷五十，〈獸之一．畜類．驢〉，頁二七七九。

9 李時珍，《本草綱目》，卷五十，〈獸之一．畜類．驢〉，頁二七七九—二七八五。

語、肢體抽搐等症狀，故以黑驢入藥爲佳。[10]「五行」原是古人用來闡述、解釋宇宙自然萬物和現象的重要學說，明代醫者隱諱地以此來闡釋驢藥以黑驢製作尤佳的原因，無形中將驢藥認知與自然宇宙論聯繫在一起，深化了驢藥論述的內涵。認知到驢藥以黑者爲良，並理解箇中原因之後，以下，茲就《本草綱目》所載不同種類之驢藥的製作和療效進行分析。

（一）驢頭肉、驢骨、驢頭骨、驢懸蹄

《本草綱目》引唐代藥學家孟詵（六二一—七一三）的說法指出：將驢頭肉煮汁，服二三升，可治療口渴多飲，多尿且小便甜的病症；又以「漬麴醞酒服」，能醫治中風頭暈；亦引日華子（生卒年不詳）所言：驢頭肉可以除頭痛、頭皮燥癢、搔落白屑的病症。同時，李時珍也提出自己的看法：將驢頭肉和薑齏一起煮成汁，每日服用，可以治療黃疸症狀。另外，《本草綱目》也引述孟詵所說：驢骨煮湯，並浸泡其中，可以醫治關節紅腫，劇烈疼痛，不能屈伸的病症；並特別指出將母驢骨煮汁服用，其功效和驢頭肉汁一樣，可以用來治療口渴多飲，多尿且小便甜的症狀，且效果極佳。[11]

上述「以漬麴醞酒服」指的是將驢頭肉煮成汁以後，再以麥或米浸泡，使其中的麴菌繁殖、發酵後釀成酒，可治中風頭暈。這種做法是以酒爲溶媒製作，惟此做法自唐代以後，因眾多疾病不宜用酒，尤其不適用於兒童和婦女等原因，醫方中的使用案例已大爲減少，轉而改用酒炒、酒潤、酒拌、酒蒸等以酒爲輔料來炮製藥料的方式。[12]

綜觀《本草綱目》所引孟詵關於驢頭肉、驢骨的記載，似乎漏了一些步驟。惟孟詵的論著，原書近乎亡佚，幸賴《經史證類備急本草》等本草書收錄其部分內容，使今日研究者得以一窺端倪。《經史證類備急本草》引掌禹錫（九九〇—一〇六六）《嘉祐補注神農本草》載：「（臣禹錫等謹按孟詵）……又頭燖去毛，煮汁以漬麴醞酒，去大風。……又骨煮作湯，浴漬身，治歷節風。又煮頭汁，令服三二升，治多年消渴，無不差者。」[13]由此觀之，將驢頭肉煮成汁並以麥或米浸泡之前，驢頭必須先用熱水燙然後

10 唐慎微，《經史證類備急本草》，卷十八，〈獸部下品．驢屎尿乳軸垢等〉，頁七；盧和，《食物本草》（臺北：中央研究院藏，明隆慶四年一樂堂重刊本），卷三，〈獸類上．驢肉〉，頁二六；李時珍，《本草綱目》，卷五十，〈獸之一．畜類．驢〉，頁二七七九；《中醫名詞術語大辭典》（臺北：啓業書局有限公司，一九九一），頁一〇一，〈熱盛風動〉、〈風火相煽〉條。

11 李時珍，《本草綱目》，卷五十，〈獸之一．畜類．驢〉，頁二七八〇、二七八三。

12 朱晟、何端生，《中藥簡史》（桂林：廣西師範大學出版社，二〇〇七），頁一三二。

13 唐慎微，《經史證類備急本草》，卷十八，〈獸部下品．驢屎尿乳軸垢等〉，頁七—八。

去毛；驢骨煮湯，必須將全身浸泡於其中，方可治關節病症。這些步驟，《本草綱目》並未載錄。

至於驢頭骨和驢懸蹄，《本草綱目》記載：「（驢頭骨）燒灰和油，塗小兒顱解。」亦載：「（驢懸蹄）燒灰，傅𤸷疽，散膿水。和油，敷小兒解顱，以瘥為度。」[14]驢懸蹄指的是驢蹄上多餘且用不到的蹄，它通常長在腿上，故其位置高於其他的蹄；當驢站立時，此蹄不會與地面接觸，好比懸著一般，故名為「驢懸蹄」。

透過《本草綱目》的記載可知，驢頭骨和驢懸蹄皆可用於醫治小兒解顱。「解顱」又名囟開不合，係指小兒到了一定年齡，囟應合而不合，頭縫開解的病症。[15]將驢頭骨或驢懸蹄燒成灰和油，塗抹於小兒頭骨縫上，可治療小兒頭顱骨縫無法閉合的症狀。古代醫者以驢頭骨醫治小兒頭骨，或許是基於「以形補形」、「取象比類」的設想與原則。「以形補形」、「取象比類」是理解中醫中藥的重要概念之一，此種概念的思維邏輯，在於以屬性相似或是具關聯性的兩者相互類比。以驢的頭骨醫治小兒頭骨，兩者皆為頭骨，即是一種基於「以形補形」、「取象比類」的設想，將驢頭骨加工炮炙，做為治療用藥；而人們之所以相信驢頭骨可醫治小兒解顱，則是源自於一種「同化」或「感應」的物我關係。

（二）驢肉

《本草綱目》指出驢肉味甘，涼，無毒，並引證日華子、孟詵的觀點，認爲驢肉可以解心煩，安心氣，治療風邪入侵人體所造成的發狂病症；將驢肉釀酒，能醫治一切風；也可以製作成汁當作粥來食用。李時珍進一步點出驢肉還可以補血益氣，治遠年勞損；將其煮成汁，並空腹飲用，能療痔引蟲。不過，《本草綱目》所引日華子「驢肉可以用於治療風邪入侵人體所造成之發狂病症」的觀點，早在宋代就已經爲部分藥物學家反對，尤其寇宗奭（生卒年不詳）在其所著之《本草衍義》即已主張「日華子以謂止風狂，治一切風，未可憑也」，強調日華子此種說法不可據信。[16]

上述《本草綱目》記載驢肉「味甘，涼」，描述的是驢肉之「物性」，當中涉及「四性五味」的描述傳統。「四性」指的是物之四種特性——寒、熱、溫、涼，「五

14 李時珍，《本草綱目》，卷五十，〈獸之一．畜類．驢〉，頁二七八三。

15 李經緯等主編，《中醫大辭典》（北京：人民衛生出版社，二〇〇四），頁一八五一，〈解顱〉條。

16 唐慎微撰，寇宗奭衍義，《重修政和經史證類備用本草》，卷十八，〈獸部下品．驢屎尿乳軸垢等〉，頁八；李時珍，《本草綱目》，卷五十，〈獸之一．畜類．驢〉，頁二七八〇。

味」則是物的五種氣味——酸、苦、甘、辛、鹹。這種描述方式不僅用於食物，北宋之後亦被大量用來解釋藥性與藥效。[17]

《本草綱目》關於驢肉物性的描述，尚有一點值得注意，即「無毒」、「有毒」的判準。儘管是書認爲驢肉無毒，但清代後期醫學家王士雄（一八〇八—一八六八）編著的《隨息居飲食譜》卻明確指出驢肉「有毒」。這究竟該如何解釋？事實上，古代對於「毒」的認知和構想，迥異於現代所謂毒性非常強烈的劇毒之藥。鄭金生歸納古人的藥毒爲三大類：其一，凡能刺激咽喉或具有嘔吐、瀉下、局部麻痺等副作用的藥物，都可以稱之有毒；其二，古人對於異形異色、畸形惡形之物具有恐懼心理，亦多目之爲有毒；其三，古人認爲藥物具有某些偏性，例如過熱、過辛，都可能被認爲有毒。古代更有「是藥三分毒」之說，意指藥毒固然可以傷人，但若合理使用，亦可治病。[18]

重新檢視《本草綱目》、《隨息居飲食譜》關於驢肉的描述，《本草綱目》內含元人吳瑞（生卒年不詳）的說法：「食驢肉，飲荊芥茶，殺人。妊婦食之，難產。同鳧茈食，令人筋急。病死者有毒。」而《隨息居飲食譜》記載驢肉的全文爲：「驢肉，酸，平，有毒。動風，反荊芥，犯之殺人。」由此觀之，驢肉無論有毒無毒，皆具有療效。

惟食驢肉會「動風」，所謂「動風」指的是臟腑之氣在體內化爲風，形成風氣內動，進而使身體產生眩暈、肢麻、震顫、抽搐……等症狀，稱之爲「動風」。吃驢肉除了可能導致動風病症之外，懷孕婦人食驢肉，很容易難產。而且，如將驢肉與鳧茈（又名荸薺）一起食用，會出現人體筋脈緊縮失柔，以致肢體屈伸不利的症狀；如與荊芥同食，則很有可能會吃出人命。除此之外，病死之驢由於其肉易腐爛變質，食之有害於人體。[19]由此而論，吳瑞、王士雄之所以視驢肉「有毒」，或出於驢肉帶有強烈副作用，或基於將驢肉與特定食物一起搭配的食用方式，或因其變質而有害於人體。

17 鄭金生，《藥林外史》，頁五二—五四。

18 王士雄，《隨息居飲食譜》（臺北：中央研究院藏，清咸豐十一年序刊本），〈毛羽類・驢肉〉，頁七九；鄭金生，《中藥》（北京：人民衛生出版社，二〇一一），頁四五—四六。另外，劉焱認為「毒」的核心含義為「效力」，他探討了醫者、宗教信徒、法院官員以及非醫藥從業人員如何用「毒」治療疾病和改善生活。同時，分析魏晉至唐初，「毒」的概念如何成為中世紀中國人對身體和政治之感知方式的核心。詳見：Yan Liu, *Healing with Poisons: Potent Medicines in Medieval China* (University of Washington Press, 2021).

19 李時珍，《本草綱目》，卷五十，〈獸之一・畜類・驢〉，頁二七八〇；王士雄，《隨息居飲食譜》，〈毛羽類・驢肉〉，頁七九；《中醫名詞術語大辭典》，頁一一五—一一六，〈肝風內動〉、〈風氣內動〉條。

（三）驢乳、驢脂、驢毛、驢耳垢

《本草綱目》記載驢乳味甘，冷利，無毒，並根據歷代本草書中的記載，將驢乳的主治病症和用藥方式整理如下：1.小兒高熱煩渴、全身發黃等，多服使利。（《新修本草》）2.療大熱，以及口渴多飲，多尿且小便甜的病症。（孫思邈）3.小兒熱、急驚邪、腹瀉且便中帶血。（蕭炳）4.小兒癇疾、小兒因感觸邪惡之氣而昏暈的邪祟病症、抽搐且眼目翻騰、風疾。（日華子）5.心絞痛、腰臍痛，熱服三升。（孟詵）6.蜘蛛咬瘡，器盛浸之，蚰蜒及飛蟲入耳，滴之當化成水。（陳藏器）7.頻熱飲之，可治氣鬱，解小兒熱毒，不生痘疹；浸黃連取汁，點於眼睛上，可治療因風邪入侵導致之眼睛赤紅、痛癢的症狀。（千金諸方）[20]

值得注意的是，《本草綱目》援引歷代各家所載驢乳主治病症，有時僅部分引用，而非完整載錄。如《新修本草》原載：「主小兒熱驚，急黃等，多服使利，熱毒。」將《本草綱目》與《新修本草》相互對照後便可發現，《本草綱目》並未引用其中「主小兒熱驚」、「熱毒」的記載。小兒熱驚又名小兒感冒夾驚，指的是小兒急熱驚風；熱毒則是指多食驢乳容易使體內產生熱邪，進而鬱結成毒。[21]儘管如此，仍可以從《本草綱目》看出驢乳主治小兒多種病症，也能治療熱症、消渴、心絞痛、腰臍痛、蜘蛛咬，以及蟲子飛入耳多等症狀。

《本草綱目》所載驢脂的使用方式與主治症狀爲：1.將驢脂塗抹於惡瘡、疥癬及四肢、胸背、頭頸發腫之處，可緩解患部症狀。（日華子）2.將驢脂和酒一起服用，以三升的量爲佳，可改善狂癲不能語，不識人的狀況。和著烏梅製作成丸，治多年瘧，惟必須在尚未發病時服三十丸。用生椒熟擣，再用綿裹起來塞入耳朵，能治療耳聾。（孟詵）3.和酒等分服，可治療咳嗽。和著鹽，塗抹於身上因風毒造成的發腫處，能舒緩症狀。（千金諸方）[22]顯示驢脂不但可以用於治療瘡、疥、腫脹等外科病症，亦可醫治風毒所造成的身體發腫，也能處理癲狂、久瘧以及耳聾問題。

至於驢毛和驢耳垢，《本草綱目》也是直接引用孟詵、崔行功（？—六七四）的觀點，記載炒驢毛一斤，使其顏色變黃，並投入酒中浸泡三日，使人飲醉，並以物覆蓋其

20 李時珍，《本草綱目》，卷五十，〈獸之一．畜類．驢〉，頁二七八一—二七八二。

21 蘇敬，《新修本草》，卷十五，〈獸禽．獸下．驢屎等〉，頁二三三；李經緯等主編，《中醫大辭典》，頁一四一〇，〈熱驚〉條；同書，頁一四〇九，〈熱毒〉條。

22 李時珍，《本草綱目》，卷五十，〈獸之一．畜類．驢〉，頁二七八〇—二七八一。

上令其暖熱流汗，第二天依樣畫葫蘆去做，可治療頭風，但不可與陳倉米、麥麵一起食用。驢耳垢部分，《本草綱目》記載刮取驢耳垢，並塗抹在被蠍螫咬之處，傷口不久便可癒合。[23]

（四）驢屎、驢溺、驢陰莖

屎、尿向來被視爲不潔之物，然卻可用以治病。《本草綱目》記載熬驢屎，治風腫瘻瘡；將驢屎絞成汁，主治心腹疼痛，以及邪惡之氣入侵人體所導致的疰、客忤等邪崇病症；把驢屎燒成灰吹入鼻中，止鼻血甚效；亦可將驢屎和油一起塗抹於惡瘡或濕癬患處。[24]

驢尿，《本草綱目》載爲「驢溺」，味辛、寒，有小毒。李時珍援引《新修本草》指出驢溺可以治療腹中積聚而成的痞塊，也可醫治反胃、牙痛以及水腫。尤其主治水中之邪毒所導致的病症，如果此水能畫體成字者，稱爲「燥水」，用牝驢尿治療；不能畫體成字者，爲「濕水」，用駁驢尿醫治。再者，李時珍亦引用陳藏器（六八一—七五七）《本草拾遺》的記載：將蜘蛛咬瘡浸於驢溺之中，醫治效果佳。同時，李時珍也提出了自己的看法：驢溺除了治療反胃之外，亦可醫治噎病；頻含漱之，主治風蟲牙痛；在外症上，除蜘蛛咬瘡以外，狂犬咬傷和癬癘惡瘡也在驢溺的治療範圍之內。至於驢陰莖，自古即爲老饕的最愛之一，筆記文集往往形容其味道「嫩美無比」。李時珍則從本草學的角度觀之，認爲驢陰莖味甘，性溫，無毒，可強陰壯筋。[25]

（五）驢髓、驢血、驢駒衣

《本草綱目》記載驢髓味甘，性溫，無毒，主治耳聾；驢血味鹹，涼，無毒，利大小腸，潤燥結，且可祛除體內的熱氣，並指出：「（驢）熱血，以麻油一盞，和攪去沫，煮熟即成白色，此亦可異，昔無言及者。」雖然李時珍認爲將熱驢血與麻油和攪去沫並煮熟之後變成白色汁異的奇特怪異現象「昔無言及」；然而，事實上，元代養生家賈銘（約一二六九—一三七四）在其所著之《飲食須知》中早已說道：「將熱驢血和麻油一盞，攪去沫，煮熟成白色，亦一異也。」或許李時珍撰寫驢血部分時，未見《飲食

23 李時珍，《本草綱目》，卷五十，〈獸之一．畜類．驢〉，頁二七八三、二七八五。
24 李時珍，《本草綱目》，卷五十，〈獸之一．畜類．驢〉，頁二七八五。
25 李時珍，《本草綱目》，卷五十，〈獸之一．畜類．驢〉，頁二七八一、二七八四；徐珂，《清稗類鈔》（北京：中華書局，一九八四），〈異稟類．某寡婦食驢陽〉，頁二四三八。

須知》；抑或是他參考了賈銘的說法，但查考歷代本草方書之後，卻發現歷代醫藥典籍中未有任何相關記載，故有「昔無言及」之語。[26]

《本草綱目》援引《外臺秘要》指出，驢駒衣可以用於斷酒，其作法爲將其燒成灰，用酒服方寸匕的量。[27]然而，驢駒衣究竟爲何物？筆者目前所寓目的本草方書皆未說明解釋。不過，明末清初醫學家程衍道（生卒年不詳）校勘重刻《外臺秘要》時曾指出，驢駒衣疑是驢胞衣。[28]此種說法無疑是一個解讀驢駒衣的重要參考點，古代「胞衣」一詞，指涉人的胎盤，「胞衣」取其「包人如衣」之意。[29]循此脈絡來看，或可將「驢胞衣」視爲「包驢如衣」的驢胎盤；而且，「驢駒」本指剛出生的小驢，而初生之驢又往往與胎盤相連，是以驢駒衣很有可能即爲初生小驢的胎盤。

（六）尾軸垢、驢槽

除了驢本身以外，驢的衍伸之物亦被《本草綱目》視爲驢藥的一種。尾軸垢爲拉車之驢之尾巴下車軸的泥巴汙垢，《本草綱目》直接載錄蘇敬《新修本草》的記載：將尾軸垢「水洗取汁和麵如彈丸二枚」，做成燒餅，在（瘧）未發前食一枚，至發時吃一枚，可治療瘧症。[30]

至於驢槽，李時珍轉引《本草拾遺》的記述：小兒拗哭不止，令三姓婦人抱兒臥之，移時即止，勿令人知。同時，他進一步引錦囊詩指出，江左（長江最下游之地）人如遇小兒夜啼不止，則「畫倒驢掛之」，可以止夜啼，強調此法與驢槽止哭義同，都是屬於厭禳法。無論透過將小兒抱臥在驢槽，或畫倒驢來停止小兒拗哭，皆被李時珍視爲一種厭禳之法，意即以巫術祈禱鬼神除災降福，或致災禍於人，或降伏某物的法術。[31]

在傳統社會中，驢被認爲是引起小兒哭鬧的作祟之物，之所以視驢爲祟物，或與驢和百

26 賈銘，《飲食須知》，收入《學海類編》（臺北：中央研究院藏，清曹溶輯陶越增訂六安晁氏排印本），卷八，〈獸類．驢肉〉，頁七；李時珍，《本草綱目》，卷五十，〈獸之一．畜類．驢〉，頁二七八一。

27 李時珍，《本草綱目》，卷五十，〈獸之一．畜類．驢〉，頁二七八二。另外，方寸匕為古代量取藥末的器具名，其形狀如刀匕，大小約為古代一寸正方，因此而得名。

28 王燾，《外臺秘要》（臺北：國立中國醫藥研究所，一九八五），〈按語〉，頁七一。

29 李時珍，《本草綱目》，卷五二，〈人之一．人胞〉，頁二七八二。關於人胞衣的討論，詳見：陳秀芬，〈從人到物——《本草綱目．人部》的人體論述與人藥製作〉，《中央研究院歷史語言研究所集刊》，第八八本第三分（臺北，二〇一七），頁六〇一—六〇三。

30 李時珍，《本草綱目》，卷五十，〈獸之一．畜類．驢〉，頁二七八五。

31 李時珍，《本草綱目》，卷五十，〈獸之一．畜類．驢〉，頁二七八五；〈漢典〉，https://www.zdic.net/hant/%E5%8E%AD%E7%A6%B3，〈厭禳〉條，擷取日期：二〇二三年八月廿八日。

姓關係緊密有關。不論做爲代步工具，或是馱東西、拉磨，都少不了驢。是以將小兒哭鬧歸咎於日常生活中關係最爲密切之驢在作祟，並藉由將小兒抱臥在驢槽、畫倒驢等方法除祛病由，停止小兒哭啼。

四、做爲上品驢藥的阿膠

用驢皮煎煮而成的阿膠爲現今診所、中藥店常見的藥材，爲人所熟知。歷代本草書幾乎都將驢藥列入「獸部下品」，但驢藥中的阿膠卻被獨立出來，自成一個藥物分類範疇，歸入「獸上品」／「蟲獸上品」／「獸部上品」／「獸禽．獸上」，致使阿膠處於獸部動物藥知識分類的相對高點，凌駕於不少動物之上，其特殊性不言而喻。

不過，宋代以前，阿膠大多以牛皮而非驢皮製作而成，其原因或與古時中國家戶不太養驢有關。顧炎武（一六一三－一六八二）《日知錄》的記載可做爲佐證，是

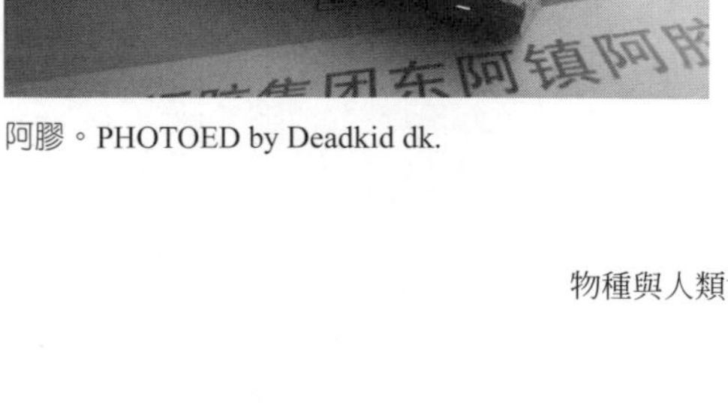

阿膠。PHOTOED by Deadkid dk.

書載：「自秦以上，傳記無言驢者，意其雖有，而非人家所常畜也。……其種大抵出於胡地。」是以秦代之前，中國境內很少有驢，儘管日後中國開始產驢，但由於「驢、馬皮薄毛多，膠少，倍費樵薪」，故在宋代以前驢皮並未廣泛用來製作阿膠。近世以來，由於中國驢產量增多，再加上大家發現驢皮療效較佳，且驢皮製成的膠較不腥臭，故逐漸改以驢皮做膠，並專供藥用。[32]

《本草綱目》關於阿膠的論述，除了引錄陶弘景、蘇頌（一〇二〇—一一〇一）、陳藏器、寇宗奭等人的觀點之外，也包括了李時珍個人的看法。先就阿膠的名稱與出產而論，《本草綱目》指出煎煮驢皮的水，以山東東阿縣（明代山東兗州府陽谷縣東北六十里處）之阿井水為最佳，故名為「阿膠」。此井為濟水所注入，由於濟水清而重，其性趨下，故取此井水煮膠，可治淤濁及逆上之痰。[33]李時珍取濟水「清」且「趨下」的特性，來治療混濁和逆上之痰，以屬性相反的兩者，彼此相剋。此種論述方式將自然界中的現象，轉化為象徵意象，並取此種意象來闡釋藥物的製作。

32 賈思勰，《齊民要術校釋》（北京：農業出版社，一九八二），卷九，〈煮膠〉，頁五五〇；顧炎武，《日知錄》（臺北：文史哲出版社，一九七九），卷二九，〈驢嬴〉，頁八三五—八三六；朱晟、何端生，《中藥簡史》，頁一四二。

33 李時珍，《本草綱目》，卷五十，〈獸之一．畜類．阿膠〉，頁二七九四—二七九五。

《本草綱目》此種論述背後亦涉及藥材「道地」的問題，「道」指的是行政區域劃分的名稱，「地」則是「道」轄下的產地，或是指該產地的地理、地區、地形、地貌。故「道地」指涉藥材的產地，係指特定地區之土壤、氣候、環境等綜合因素決定了某些藥材只有產自特定地區，其藥性才能達到最佳。換言之，藥材產地相異，其質量也會因此而有所不同。「道地藥材」即為來自特定產區、栽培或加工技術精細、生產歷史悠久，且與其他地區所產之同種藥材相比，品質和療效更佳、更穩定的藥材，道地藥材亦因此成為優質藥材的代名詞。[34]阿膠以古代東阿縣出產者為佳，箇中關鍵即在於此處的阿井係由濟水所注入，由於濟水清而重，且其性趨下，故取此井水煮膠來治療淤濁及逆上之痰，療效更好。

至於製膠原料，用牸牛、水牛、驢皮者為上，豬、馬、騾、駝皮者次之，其舊皮、鞋、履等物者為下。大抵古方所用多是牛皮，後世則貴驢皮。李時珍亦於書中揭示如何辨別阿膠的眞假：雜以馬皮、舊革、鞍、靴所製成的阿膠，其氣濁臭，為偽者，不堪入藥；其色黃透如琥珀，或光黑如瑿漆者為眞，眞者沒有皮臭味，夏月亦不會濕軟。[35]

再就阿膠的氣味和主治病症來看，李時珍視阿膠為「聖藥」，認為此藥味甘，平，無毒，「補血與液」，故能「清肺，益陰，而治諸證」，治療病症包括：吐血以及非外傷所致之某些部位的外部出血；婦女血痛血枯、經水不調、陰道忽然大量出血或不斷流出黏性液體、胎前產後諸疾等婦科疾病；男女一切風病、骨節疼痛、水氣浮腫、虛勞、咳嗽喘急、肺葉枯萎、唾膿血以及癰疽腫痛。[36]大體而言，阿膠或爲補血佳藥，或爲止血良藥，亦可做爲婦科要藥，且能去風，滋陰潤燥，醫治肺疾。

五、結語

日常生活中看似平凡無奇的驢，在本草世界裡面卻是一獨特的存在，其作用與背後的複雜意義，遠遠超乎我們的想像。在李時珍筆下，驢以不同的部位入藥，呈現出的物性和療效也有所不同。《本草綱目》關於驢藥的論述，當中不僅涉及「四性五味」的描述傳統，也牽涉「無毒」、「有毒」的判準，而驢藥的食用方式及其所引發的副作用，

34 李經緯主編，《中醫大辭典》，〈道地藥材〉條，頁一七七〇。另外，關於「道地」藥材的討論，亦可參見：黃璐琦等著，《道地藥材理論與文獻研究》（臺北：文光圖書，二〇一七）。

35 李時珍，《本草綱目》，卷五十，〈獸之一．畜類．阿膠〉，頁二七九三。

36 李時珍，《本草綱目》，卷五十，〈獸之一．畜類．阿膠〉，頁二七九四—二七九五。

正是判別驢藥是否有毒的關鍵所在。

再就驢藥的療效而言，小至頭皮問題、眼睛赤紅、牙痛、飛蟲入耳、反胃、關節疾病、昆蟲咬傷以及瘡、疥、癬等外科病症，大至心絞痛、口渴多尿且小便甜的病症、黃疸、一切風症、瘧症、肺疾、發狂、邪祟病症……等，皆可以透過驢藥治癒。驢藥也主治小兒諸多病症和婦科疾病，亦可以補血益氣，恢復日積月累的勞損，甚至能滋陰潤燥，強陰壯筋。然而，《本草綱目》對於驢藥所宣稱的療效，除了一部分是源於實踐所取得的經驗藥效之外，尚有一部分是立基於「以形補形」、「取象比類」的設想以及「同化」或「感應」的物我關係，甚至是一種厭禳之法的儀式性治療方式。

將驢藥放在近世本草知識體系中來看，儘管《本草綱目》係以《經史證類備急本草》爲藍本，同時參考、援引歷代本草方書撰寫而成；然而，就所述驢藥內容而言，是書引用前人論述時，時而完整載錄，時而僅部分引用。顯見即使《本草綱目》被視爲歷代本草學集大成之作，但對於既定的本草論述，並非一味地照單全抄，而是有所選擇和取捨。而且，《本草綱目》關於阿膠的論述，也不同於先前的本草方書，尤其在解釋以山東東阿縣阿井水煎煮驢皮爲最佳時，將自然界中的現象轉化爲象徵意象，並取此種意象來闡釋藥物的製作。此種論述阿膠的方式，在《本草綱目》以前的本草方書中實不多見。

進一步而論，《本草綱目》的驢藥書寫與論述亦具體而微地展示了驢在近代本草知識傳統中的位置。《本草綱目》呈現了一種從最低到最高的自然階層，在其分類順序下，驢被劃歸在獸藥，位於第二高階，僅次於人藥。以驢爲藥最早自唐代開始被寫入主流本草文獻之中，惟「驢」一開始並未成爲一種藥物分類，而是以「驢屎」等名收錄於「獸部下品」。一直到李時珍《本草綱目》，本草知識分類重新被建構，「驢」方成爲一種藥物分類名稱，不再以「屎」、「尿」等驢體之部分出現，而是以一完整的個體呈現。這種驢藥知識分類的轉變，也暗示著驢藥的內涵與範疇就此擴大。相較於歷代主流本草書幾乎都將驢藥列入「獸部下品」，驢藥中的阿膠卻被獨立出來，自成一個藥物分類範疇，歸入「獸部上品」，使阿膠處於獸部動物藥知識分類的相對高點，凌駕於不少動物之上。不過，有時候，驢卻處在近代本草知識中的曖昧位置。驢做爲藥物確有其療效，但有時亦因食用方式不當及其所引發的副作用而被視爲有毒；而且，驢與其他本草之間，並非完全和諧的關係，而是有時互相有所禁忌。

綜觀《本草綱目》中的驢藥論述，從驢的正名與釋名，到透過宇宙自然萬物的現象來闡釋驢藥製作，再到驢在近代本草知識傳統中的位置和分類秩序，皆可看見宋明理學強調格物致知、宇宙萬物各有其序的影子，正如李時珍在《本草綱目》〈凡例〉所言：「雖日醫家藥品，其考釋性理，實吾儒格物之學。」[37]顯見《本草綱目》不僅是一部藥物學論著，同時也與當時的學術思想有密切關係。理學、儒學與近代藥物學、醫學之間究竟如何相互交涉？此問題不僅存在於中國近代本草學之中，也出現在近代東亞之本草甚至博物學領域，或許是日後可以繼續深入探討的課題。

37 李時珍，《本草綱目》，〈凡例〉，頁三四。

從「難產」到「壯陽」

——戰後臺灣「海馬」中藥消費文化

曾齡儀
臺北醫學大學通識教育中心副教授

一、奇特的生物

「海馬」是一種海龍魚科輻鰭魚，生活在熱帶與亞熱帶淺水海域，因頭部似馬而得其稱號。海馬的尾鰭完全退化，脊柱則演化爲捲曲的長尾來鉤住物體，透過長尾和背部魚鰭，海馬在海中直著身子移動，但速度非常緩慢，遭遇危險時只能隨海草變色進行僞裝。

海馬最特別的地方是由雄性懷胎生產，在自然界中非常少見。雌海馬在交配時，將卵排入雄性的育兒囊內，由雄海馬負責孵育胎兒，數週後雄海馬將長尾纏繞在海草上，透過類似陣痛的過程將小海馬噴出。

在臺灣除了水族館可見到海馬的蹤跡之外，中藥行也有許多曬乾的海馬，供民眾自行浸泡藥酒或入菜之用，據稱可溫暖腸胃，壯陽補腎。臺灣海域雖然也產海馬，但數量不敷國內市場需求，中藥行販賣的海馬多從泰國等東南亞國家進口。本文將結合歷史文獻、報章雜誌與田野考察，探討傳統中國本草醫書中的海馬療效，以及戰後臺灣中藥市場的海馬消費文化。

標尺圖中的乾海馬，左為雌海馬，右為雄海馬（有育兒囊），曾齡儀拍攝。

二、中國本草文獻中的海馬

坊間諺語「北方人參，南方海馬」，可知海馬屬於南方的高貴藥材。傳統文獻中關於海馬的記載，南朝陶弘景（四五六—五三六）《本草經集注》記載：「又有水馬，生海中，是魚蝦類，狀如馬形，亦主易產」。[1]可見海馬之功效是有助於婦女順產。

唐代陳藏器（六八一—七五七）的《本草拾遺》記載：「海馬謹按《異志》云，生西海，大小如守宮蟲，形若馬形，其色黃褐，性溫，平，無毒。主婦人難產，帶之於身，神驗。此外別無諸要用，今無。」[2]再度說明海馬主要功效是治療婦女難產。

宋代醫書《證類本草》記載治療「難產」可用蔴油、澤瀉、牛膝、陳薑、豬脂酒、飛生蟲、兔頭、海馬、伏龍肝、冬葵子等使胞衣（胎盤）順利排出。[3]

1 《欽定四庫全書》（臺北：臺灣商務印書館，一九八三—一九八六，據故宮博物院藏本影印），子部醫家類，〈證類本草〉卷十八，二四b。
2 陳藏器，《陳藏器本草拾遺》（出版地不詳：出版者不詳，出版年不詳），坤卷，〈蟲魚部中部〉，七a。
3 《欽定四庫全書》（臺北：臺灣商務印書館，一九八三—一九八六，據故宮博物院藏本影印），子部醫家類，〈證類本草〉卷二一，四八b。

宋代類書《太平御覽》記載「水馬」：「《南州異物志》曰，交趾海中有蟲，狀如馬形，因名曰水馬。婦人難產者，手握持此蟲，或燒作屑服之，則更易如羊之產也。凡物之中羊產最易。」[4]所謂「異物志」是漢唐之間記載周邊地區新奇物產的典籍，《南州異物志》是三國時期吳國太守方震記載南海諸島的紀錄，「交趾」應為今日的越南，尤其記錄該書也認為海馬可讓產婦如羊產般容易。

《太平御覽》接著記載：「徐衷《南方草物狀》曰，海中有魚，狀似馬，或黃或黑，海中民人名作水馬，捕魚得之，不可啖食，曝乾熇之，婦人產難，使握持之，亦可燒飲。」[5]徐衷撰寫的《南方草物狀》是西元五世紀的博學著作，後已失傳。由上可知，中國早期的本草醫書認為海馬療效用於難產。

到了明代，《本草綱目》關於海馬的紀錄，有其獨特之處。李時珍在「主治」部分記載：「婦人難產，帶之於身，甚驗。臨時燒末飲服，並手握之，即易產（藏器）。主難產及血氣痛（蘇頌）。暖水臟、壯陽道、消瘕塊、治疔瘡腫毒（時珍）。」這段文字可看到李時珍整理了唐代陳藏器、宋代藥理學家、科學家蘇頌（一〇二〇－一一〇一）的看法，這兩人皆認為海馬主治難產。但李時珍自己認為海馬可溫暖「水臟」（腎臟）、強壯「陽道」（男性生殖器）以及消除「瘕塊」（婦女腹中結塊）和「疔瘡腫毒」（相當於今日由細菌引起的毛囊炎和蜂窩性組織炎等病症）。

李時珍在《本草綱目》「發明」項下記載：「海馬雌雄成對，其性溫暖，有交感之義，故難產及陽虛房中方術多用之，如蛤蚧、郎君子之功也。蝦亦壯陽，性應同之。」他再度強調海馬壯陽之功效，此爲先前本草醫書典籍中未見。該段文字影響了後世對於海馬的認識，例如清代醫家汪昂（一六一五—一六九四）《本草備要》與吳儀洛（約一七〇四—一七六六）《本草從新》皆引用李時珍的看法，定位海馬的功效是「補，溫腎」，「甘溫，暖水臟，壯陽道，消瘕塊，治疔瘡腫毒，婦人難產及血氣痛。」[6]

綜合上述，我們可知海馬是南方物產，早期之功效爲治療難產，但明代李時珍特別強調海馬對於「陽虛」與「房中術」的效用，清代本草醫書承襲其看法，也使日後華人社會多視海馬爲壯陽補品。

---

4 《欽定四庫全書》（臺北：臺灣商務印書館，一九八三—一九八六，據故宮博物院藏本影印），子部類書類，〈太平御覽〉卷九百五十，九a。

5 《欽定四庫全書》（臺北：臺灣商務印書館，一九八三—一九八六，據故宮博物院藏本影印），子部類書類，〈太平御覽〉卷九百五十，九a。

6 項長生主編，《汪昂醫學全書》（北京市：中國中醫藥出版社，一九九九），頁四五五。吳儀洛，《本草從新》（合肥市：黃山書社，二〇〇八，清刻本），卷十七，〈蟲魚鱗介部〉，十三a。

三、清代臺灣方志中的海馬紀錄

臺灣海域也有海馬蹤跡，方志出現一些相關紀錄。例如：清乾隆年間《重修福建臺灣府志》（一七四一）卷十九「雜記」（祥異）記載：「四十八年夏，鹿耳門有大魚二，狀似馬；脊上有鬃長三、四寸，其尾如獅，肚下四髻如四腳。居民獲其一（或曰即海馬也）。」[7]該紀錄顯示康熙四十八年（西元一七〇九年），在今天臺南鹿耳門有居民捕獲海馬。

又如乾隆年間《重修臺灣縣志》（一七五二）卷十五「雜記」（祥異）記載：「海馬（狀如馬，頭有騣，四翅；漁人獲之不祥）。」[8]類似的敘述在巡臺御史黃叔璥《臺海使槎錄》（一七二二）卷三〈赤嵌筆談〉、臺灣海防同知朱景英撰寫的《海東札記》（一七七二），以及苗栗縣知縣沈茂蔭編纂《苗栗縣志》，皆提到海馬是形狀像馬，頭頭有鬃，四翅的不祥之物。[9]

相較於上述紀錄視海馬不祥，《澎湖廳志》（一八九四）的海馬記載則出現在詠物的脈絡中。《澎湖廳志》卷十四〈藝文（下）／詩／詠物二十四首／海馬〉記載：

海馬（一名海龍，狀如博古龍。身方有稜，無鱗，頭一角，尾卷曲，無足；長三、四寸，小者二、三寸。天寒凍死浮海面，漁人得之以爲珍物，云入藥功同海狗）
有角無鱗儼若螭，云多陽氣助生孳。世人不惜千金價，凍死波中尚不知。[10]

該段文字前面說明海馬又名「海龍」，因天寒凍死而浮出海面，漁民視爲珍物，其藥效與海狗相似。接者是詩體正文：「有角無鱗儼若螭，云多陽氣助生孳。世人不

7 湖南人劉良璧於一七四〇至一七四二年擔任臺灣知府，期間延攬在地士紳共同纂修府志（一般稱為《劉志》），一七四一年刊行，共二十卷。臺灣文學館線上資料平臺，https://db.nmtl.gov.tw/site2/ikm?id=59。劉良璧，《重修福建臺灣府志》（臺北市：臺灣銀行經濟研究室，一九六一），頁四七四。

8 福建人王必昌受臺灣縣知縣魯鼎梅的邀請，來臺擔任《重修臺灣縣志》總輯，一七五二年刊行，共十五卷。臺灣文學館線上資料平臺，https://db.nmtl.gov.tw/site2/ikm?id=72。王必昌，《重修臺灣縣志》（臺北市：臺灣銀行經濟研究室，一九六一），頁四三七。

9 黃叔璥，《臺海使槎錄》（臺北市：臺灣銀行經濟研究室，一九五七），頁六七。朱景英，《海東札記》（一七七二）（臺北市：臺灣銀行經濟研究室，一九五八），頁四五。沈茂蔭，《苗栗縣志》（臺北市：臺灣銀行經濟研究室，一九六二），頁一〇〇。

10 晚清金門文人林豪受澎湖通判之邀，編纂《澎湖廳志》，一八七八年完成初稿，一八九四才正式刊行，共十四卷。林豪，《澎湖廳志》（臺北市：臺灣銀行經濟研究室，一九六四），頁四九三。

惜千金價，凍死波中尚不知。」詩中說明海馬有角無鱗，外型與「螭」相像（中國古代傳說中的動物，一種黃色的龍），可補陽氣與助產，價格昂貴。

雖然《澎湖廳志》說海馬就是海龍，不過兩者實爲不同之物。依照現代科學分類，海馬與海龍在外型上極爲相似，但海馬具有明顯捲曲的尾部，多以直立身子的方式緩慢移動。相對於此，海龍尾部沒有大幅度捲曲，且移動時像一般魚類橫行游動。另外，在繁殖上也不同，雄海馬有孵育袋，負責孵化受精卵；雄海龍雖然也負責孵育卵粒，但並無孵育袋構造，只能將卵粒整齊排放在腹部內側，從外觀上可以清楚看到卵串。[11]傳統時代受限於技術，無法像現在清楚掌握海中生物的差異，在傳統文獻中有時會區分兩者，有時又將兩者混爲一談。以〈赤崁筆談〉來說，記載「海龍，產澎湖，冬日雙躍海灘，漁人獲之號爲珍物。首尾似龍，無爪牙，長不徑尺；或云入藥功倍海馬。」[12]該

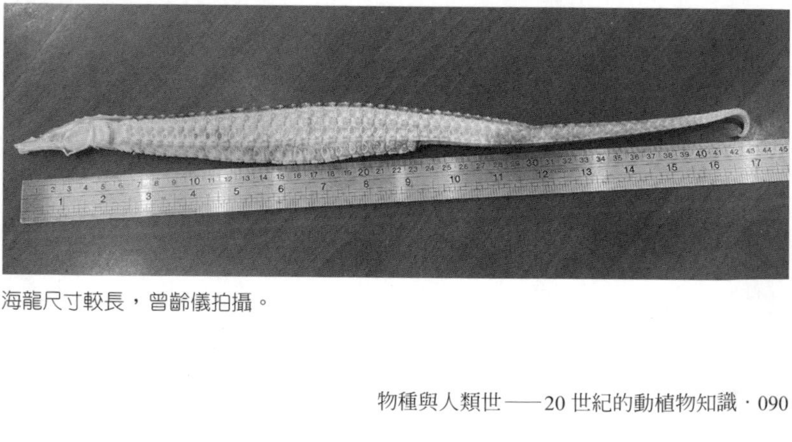

海龍尺寸較長，曾齡儀拍攝。

文認爲海龍入藥功效比海馬好，將兩者予以區分。

不過，也有將海龍歸類於海馬者，例如清代《本草綱目拾遺》（一七六五）提到：

> 百草鏡云：海馬之屬有三：小者長不及寸，名海蛆，不入藥；中等者長一二寸，名海馬，尾盤旋作圈形，扁如馬，其性溫味甘，暖水臟，壯陽道，消瘕塊，治疔腫產難血氣痛；海龍乃海馬中絕大者，長四五寸至尺許不等，皆長身而尾直，不作圈，入藥功力尤倍。雖同一類形狀，微有不同，此物廣州南海亦有之。體方，周身如玉色，起竹節紋，密密相比，光瑩耀目，誠佳品也。[13]

《百草鏡》相傳是清代醫者趙學楷所著，現已失傳，書中將海馬分成三種，最小的海蛆不入藥；中等是海馬，尾盤旋作圈形；最大是海龍，長身尾直不作圈。書中對於海馬和海龍的區分是尾部，與現今辨別兩者的方式一樣。

---

11 黃之暘，〈海龍與海馬〉，農業主題館 https://kmweb.coa.gov.tw/subject/subject.php?id=21726。

12 黃叔璥《臺海使槎錄》（臺北市：臺灣銀行經濟研究室，一九五七），頁六九。

13 趙學敏編，《本草綱目拾遺》（合肥：黃山書社，二〇〇八，清同治十年吉心堂刻本），卷十，頁十三a—十三b。

海馬做爲珍稀之物，在琉球國史書《中山傳信錄》亦可見。清代徐葆光於康熙年間（一七一九）出使琉球，後撰寫在當地的見聞，書中提到「海馬，馬首、魚身，無鱗，肉如豕；頗難得。得者，先以進王」。[14]又，嘉慶年間李鼎元撰寫的《使琉球記》也記載：

十五日（丙寅），大雨。各廟行香。世孫遣官起居，食品有海馬肉薄片，迴屈如鉋花，色如片茯苓；品之最貴者。常不易得，得則先以獻王。其狀魚身、馬首，無毛而有足，皮如江豚；惜未得見生者。適楊文鳳、四公子來，即以「海馬」分韻；詩亦有理致而不能繪其形狀，非余命題之旨，亦恐未見其生也。[15]

由上可知，海馬在琉球是高級食品，非常珍貴，當地也有食用海馬的文化。

四、日本文獻中的海馬紀錄

日本海域也是海馬產地，因其狀似馬與龍，因此在日本通稱爲「タツノオトシゴ」

（竜の落子），各地方亦有不同方言稱呼，例如：高知稱爲「ウマウオ」（馬魚）或「ウマノコ」（馬の子），富山稱爲「ウマノカオ」（馬の顔），和歌山稱爲「リュウグウノコマ」（龍宮の駒），神奈川稱爲「リュウノコ」（龍の子）等。[16]關於海馬的較早紀錄出現在《山槐記》，這是平安時代晩期至鎌倉初期的公卿大臣中山忠親（又名藤原忠親，一一三一－一一九五）的日記，記載了平氏政權四十年的興衰。文中提到平安後期的武將平清盛（一一一八－一一八一）獻給白河法皇的藥箱中就有海馬六尾，做爲安產的平安符。這項紀錄顯示，日本對於海馬安產的認識受到中國本草書籍的影響。[17]

---

14 諸家，《清代琉球紀錄集輯》（臺北市：臺灣銀行經濟研究室，一九七一），頁九一。

15 諸家，《清代琉球紀錄集輯》（臺北市：臺灣銀行經濟研究室，一九七一），頁一七五。

16 小學館，日本大百科全書（ニッポニカ），コトバンク，https://kotobank.jp/word/%E3%82%BF%E3%83%84%E3%83%8E%E3%82%AA%E3%83%88%E3%82%B7%E3%82%B4-93629，擷取日期：二〇二三年一月一日。株式會社平凡社，百科事典マイペディア，世界大百科事典，https://kotobank.jp/word/%E3%82%BF%E3%83%84%E3%83%8E%E3%82%AA%E3%83%88%E3%82%B7%E3%82%B4%28%E7%AB%9C%E3%81%AE%E8%90%BD%E3%81%97%E5%AD%90%29-850134，擷取日期：二〇二三年一月一日。

17 中山忠親，《山槐記　治承二年十一月》（京都：出版項不明，出版年不明），頁五十。

到了江戶時期，著名本草書《本朝食鑑》卷九「江海無鱗類三十七種」也有海馬之記載。該書刊行於元祿十年（一六九七），記載日本庶民的日常食物之性質、栽培、加工與食用方法以及養生觀念等，內容包羅萬象，非常豐富。其內容大抵承襲李時珍《本草綱目》，再進行編纂、改寫與評論，其文如下：

集解　狀有魚體　其首似馬　其身類蝦　其背傴僂　長三四寸　雌者黃色　雄者青色漁人不采之　但於里網雜魚之內而得之　若得之則賣藥肆　以備產患　爾凡臨產之家　用雌雄包　收於小錦囊　以預佩之　謂易產　今爲流俗流例　此物性溫煖　有交感之義乎

氣味　甘溫平無毒〔本朝未聞食之者〕

主治　李時珍曰暖水臟　壯陽道　消瘕塊　治疔瘡腫毒　故有海馬湯　海馬拔毒散　未試驗矣[18]

上述紀錄顯示《本朝食鑑》作者人見必大（一六四二?—一七〇一）特別註明「本朝未聞食之者」，由此可知，雖然海馬是一種食物，但在日本的飲食生活中卻鮮少出現，這與中國的海馬食療飲食實踐，相當不同。

臺灣在日治時期同時受到「和藥」與「漢藥」兩種文化的影響，但查閱當時的報章雜誌以及藥業組合的《漢藥協定價格》等資料，有關海馬的紀錄並不多。其中有幾條資料較爲明確，例如一九二九年臺灣總督府囑託堀川安市撰寫的《臺灣藥用動物ニ關スル調查》，提到海馬又名「直海馬」，其用途爲「強壯劑（老人用）、腹痛、充血ヲ散ズ、肺除痰、催淫劑」，用法是將海馬磨碎變成粉末，或是溶入酒中飲用。[19]這段敘述已不見海馬安產之功效，較強調其滋養強壯以及做爲春藥的功效。此外，一九三八年藥劑師廣瀨勘七在《臺灣藥學會誌》發表〈臺灣漢藥品用語

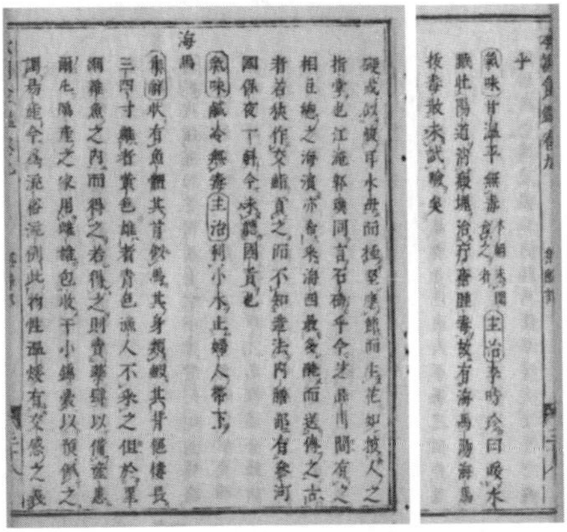

《本朝食鑑》中的海馬記載，資料來源：日本國立國會圖書館デジタルコレクション。

18 丹岳野必大千里，《本朝食鑑》，卷九，頁三八a—三八b。

19 堀川安市，《臺灣藥用動物ニ關スル調查》（臺北：臺灣總督府中央研究所，一九二九），頁五四—五五。

表〉，在「漢藥中動物鑛石部的習慣名追加」中提到海馬，其「習慣名」包括「直海馬、水馬、水雁、正海馬、蘇海馬」。[20]不過，並未特別說明其功效。綜合來說，日治時期海馬雖然被視爲「漢藥」，但並非坊間常見的藥物，而其效用已不再是唐宋時期的婦女催產之用，而著重強壯和生殖的功效，顯然也受到李時珍《本草綱目》的影響。

五、海馬藥酒、海馬丸、海馬入菜：一九五〇—一九九〇年代臺灣的海馬消費

二次戰後，海馬的中藥實踐在臺灣更加普遍。一九五八年二月《徵信新聞》報導提到「我們中藥店鋪常有出售作藥用的這種海馬，因此國人對它也許不會陌生的」。同年八月《徵信新聞》也提到，海馬兩性間的性活動由雌性作主，且其交配時間很長，「牠們若斷若續的，直至雌海馬自己認爲享受夠了才停止」，並提到海馬經過煉製後可做爲藥品，特別是浸酒可做爲解毒劑，治療皮膚病與其他毒症。一九六〇年代初期，《民聲日報》刊載「青春海馬丸」的廣告，標榜是男女適用的滋補強壯保健綜合劑，可治療未老先衰、婦女絕經期各病症、補男女氣血不足與神經衰弱。另有「海龍丸」特別治療男性陽痿早洩、遺精漏精與腎虧等病症。[21]從上述報章廣告顯示，一九五〇至一九六〇年

代臺灣確實有海馬的藥補實踐。

做爲中藥的海馬，戰後初期礙於兩岸貿易管制，主要來自臺灣自產。例如一九五九年「臺灣省能生產及不必要應管制進口之中藥名單」，海馬亦在其中，此名單顯示：第一，臺灣有產海馬，第二，政府認爲應該管制進口，第三，海馬用於中藥。[22] 一九六〇至一九七〇年代，海馬也多出現在臺灣省物資局標售的中藥材名單中，例如一九六七年十二月，該局出售中藥一批，「廣隆貿易公司」（一九五八年設立，位於迪化街）以單價二，九四〇元標到海馬四．二公斤；一九七二年八月，該局標售中藥一批，包含海馬八．四公斤；九月又標售中藥一批，包含海馬六．六公斤；十月又標售中藥一

《民聲日報》刊載的海馬丸廣告（一九六二年六月二十八日）。

---

20 廣瀨勘七，〈臺灣漢藥品用語表〉，《臺灣藥學會誌》第五一號（一九三八年十二月），頁一一二。

21 政，〈海馬〉，《徵信新聞》一九五八年二月七日，六版。蘭星，〈海馬〉，《徵信新聞》一九五八年八月二十日，六版。廣告，《民聲日報》一九六二年六月二十八日，一版。

22 本報訊，〈管制進口的中藥品名〉，《聯合報》一九五四年十月十四日，五版。

批，包含海馬一一二．四公斤。[23]可見海馬確實是當時臺灣中藥市場上常見的商品。

一九七二年十月，臺灣省及臺北市國藥公會向國貿局與衛生署提出要求，希望解除十四種中藥限制採購地區，因藥材價格猛漲，若不開放將影響中藥市場。當時臺灣政府限制茯苓、枸杞只能向韓國採購，但品質差且供應量少；茱萸限制只能向日本買，同樣是質差量少；海馬則受到臺灣遠洋漁業減少的影響，價格飆高，因此公會希望能開放進口。經濟部國貿局回應民間需求，一九七三年一月將海馬改為「准許進口類」（CCC0416-42）。[24]自此海馬有更多的來源，提供給臺灣國內中藥市場。

海馬最常見的消費方式是製酒與藥丸，但做為動物性藥材，需特別注意品質衛生。一九六四年臺灣省衛生處規定，中藥成藥須經過審核，獲得成藥許可證者始可販售。海馬與蛤蚧、鹿鞭、海狗腎、人胞（紫河車）等被認為是「易於變質且有不合衛生之嫌藥品」而需加以注意。[25]

「藥酒」是坊間最普遍的海馬消費方式，中藥行將海馬與人參、枸杞等藥材與米酒一同浸泡，做為男性補腎壯陽之用。自製或購買藥酒的風氣在一九八〇、一九九〇年代蔚為風行，例如：一九八七年《民生報》教導民眾如何自製藥酒，提到「泡藥酒假使選用質地堅硬的藥材，例如動物性的虎骨、海馬，植物性的杜仲、枸杞，應該先把藥材打碎，用水煎後，把藥材撈起濾乾再放進米酒裡面浸泡」。一九九〇年「臺北市中藥公會」提醒民眾，立冬之後可到中藥房抓幾帖藥，放入米酒頭內浸泡，高貴的冬季補藥包括冬蟲夏草、鹿茸、大海馬、蛤蚧與高麗參等。一九九二年有報導說明自行浸泡藥酒的注意事項，包括：酒精濃度以三十五%爲最佳，若使用海馬、海龍、蛤蚧等動物藥材一定要新鮮，浸泡前用鹽炒一遍，且完全浸在酒裡，否則發霉會有肉毒桿菌中毒的危險。[26]

---

23 本報訊，〈出售國藥一批　限中藥商始得參加比價〉，《經濟日報》一九六七年十二月二日，四版。本報訊，〈當歸三千四百餘公斤　廢標〉，《經濟日報》一九六七年十二月九日，四版。本報訊，〈物資局　明起配售魷魚　十八日並將標售中藥一批〉，《經濟日報》一九七二年八月十五日，七版。本報訊，〈物資局　標售中藥一批〉，《經濟日報》一九七二年九月二十一日，七版。本報訊，〈物資局　標售中藥一批〉，《經濟日報》一九七二年十月三日，七版。

24 本報訊，〈省市國藥公會要求　開放當歸進口　解除十四種中藥限採區〉，《聯合報》一九七二年十月二十九日，五版。本報訊，〈琥珀海馬等五項藥材　原則上開放自由進口〉，《經濟日報》一九七三年一月卅一日，四版。本報訊，〈進出口貨分類　即起增列牛肉罐鹽薑等　鎳累改限向北美採購　解除中藥牛蒡子等限購地區〉，《經濟日報》一九七三年二月十七日，四版。

25 本報中興新村訊，〈審定合格　始准銷售〉，《聯合報》一九六四年五月一日，二版。

26 高雄訊，〈冬令進補　中藥酒自己泡　清朝藥方　效果因人而異〉，《民生報》一九八七年十一月十二日，十七版。施靜茹，〈立冬進補　現在開始泡藥酒〉，《聯合報》一九九〇年十月廿二日，十五版。陳于媯，〈冬天藥酒天〉，《聯合報》一九九二年十一月五日，十七版。樊天璣，〈藥酒莫亂泡　酒精濃度要適中〉，《民生報》一九九二年十二月十日，廿三版。

更有趣的是，也有中醫師接受企業主委託釀造私房藥酒，做爲送禮之用，例如「演武大力酒」藥材包括海狗鞭、海馬、蛤蚧、鹿茸、鹿尾與當歸等。一九九八年，《聯合報》也教民眾自製藥酒，提到海馬是催生藥，婦人陣縮微弱時要服用海馬粉催生，八、九月是海馬捕撈旺季。海馬一味單方藥酒製法：乾燥海馬三對，燒酒一瓶（七〇〇～七五〇cc.），海馬泡入酒中，一星期即可服用，睡前或行房後服用三十cc.。另外，中藥店自行提煉「龜鹿二仙膠」，主要預防骨質疏鬆，古方藥材包括龜板、鹿角、鹿茸、大海馬、大蛤蚧、紫河車、黨參等。[27]

除了藥酒之外，也有高級餐廳將海馬做爲食材入菜，並以「情慾」爲號召，吸引顧客上門。一九九八年，臺北御生坊餐廳推出有助情慾的菜餚「龍馬海參」，將汆燙過的海參與蔥薑、蠔油一同爆炒，加入高湯與處理過的鹿茸、海馬、淫羊藿、枸杞略煮。二〇〇〇年，臺北力霸皇冠假日飯店推出養生藥膳，每盅使用鮑魚、鵪鶉、九孔、海馬等高級食材。二〇〇一年，新光三越百貨臺南店的「巴黎歐式自助餐」有「海馬烏骨雞湯」，可視爲禦寒滋補的「威而鋼」。臺北凱悅飯店的「漂亮中餐廳」推出情人套餐，女性喝的「沉魚落雁」煲湯裡面有鱉、海馬、鮑魚、紅棗等食材。臺北國賓飯店也與北京同仁堂合作，推出適合男性的「強身固本餐」，有一道「海馬鮑魚海鮮粥」。[28]

高雄也很流行海馬入菜，二〇〇一年，高雄晶華酒店三十八樓「晶華軒」推出冬令藥膳進補，主廚推薦「周補藥膳」中最養生的「滋補燉海馬」，老母雞高湯加入海螺肉、海馬、枸杞與人參，「一隻隻原形的海馬躍然湯面，海馬可暖臟、補腎壯陽、治疔瘡和血氣鬱痛」。[29] 高雄華王飯店也推出

大稻埕中藥行冰存的乾海馬，曾齡儀拍攝。

27 洪淑惠，〈壯陽藥酒　企業小開大方送〉，《聯合晚報》一九九七年十二月廿一日，三版。王莉民，〈DIY／藥補酒　海馬酒　做法簡單　催情不難〉，《經濟日報》一九九八年七月十八日，四三版。蔡振榮，〈龜鹿二仙膠　富含鈣質、膠質、氨基酸〉，《經濟日報》二〇〇二年一月廿一日，三九版。

28 劉蓓蓓，〈食補　非常補　大廚熱情推薦菜膳　祝君威而鋼〉，《聯合報》一九九八年十一月七日，三五版。錢嘉琪，〈御生坊、恩承居　招牌菜做來頗費工　臺北藥膳很講究〉，《民生報》二〇〇〇年十一月廿六日，A三版。林建農，〈冬天吃補　歐式自助餐也賣藥膳〉，《聯合報》二〇〇一年一月五日，十九版。錢嘉琪，〈男女情人入座　各有所補　養生餐　吃應酬飯新選擇〉，《民生報》二〇〇一年二月九日，D三版。陳靜宜，〈同仁堂養生　國賓吃得到〉，《聯合報》二〇〇六年六月廿九日，E三版。

29 侯寶美，〈天涼補元氣「海馬」來幫忙　大飯店推補品餐飲　何首烏、大閘蟹上桌〉，《聯合晚報》二〇〇一年十月十七日，二十版。吳明娟，〈飯店賣藥膳十部　素葷溫涼全到齊〉，《民生報》二〇〇一年十一月廿九日，CR一版。

「冬之美祿」養生藥膳（共十二道），其中一道是「海馬燒甲魚」，可滋補強身。[30]高雄鄧師傅餐館也推出秋冬季「生龍活虎湯」，用海馬、鹿茸、淮山、竹雞等燉煮，可改善氣虛體寒。[31]

五、廿一世紀以降：「華盛頓公約」與「威而鋼」影響下的海馬交易

戰後臺灣的海馬消費在廿一世紀發生轉變，主要原因有兩項，第一是治療陽痿西藥的上市。一九九八年美國食品暨藥物管理局（FDA）批准威而鋼（Viagra）上市，一九九九年三月也在臺灣上市。一開始臺灣民眾對於這顆藍色小藥丸的服藥知識不足（包括劑量與配套措施），對其副作用也有擔憂而使用有限。但隨著用藥衛教以及愈來愈多的臨床報告，威而鋼逐漸受到臺灣男性的歡迎。接著，二〇〇三年又有犀利士（Cialis）與樂威壯（Livetra）在臺上市，造福更多有需求的男性。根據「中華民國中藥商業同業公會全國聯合會」馬逸才理事長的觀察與經驗（本身有經營海馬進口事業），相較於需要長期服用的中藥，威而鋼等西藥效果快速，這是造成臺灣海馬消費衰退的主要原因。另外，國外也有研究指出，自從威而鋼等西藥出現後，原本用傳統中藥

（海馬、海豹等）治療不舉的男性，大都改用西藥。[32]

另一個影響廿一世紀以降臺灣海馬消費的原因是，海洋保育意識的抬頭以及《華盛頓公約》的限制。

首先，一九九六年是海馬保育相當關鍵的時刻。野生動物交易監督組織TRAFFIC指出，海馬數量銳減需要保護，在二十三個從事海馬交易的國家當中，消費量最大的是中國（每年二十噸、六百萬隻），且從一九八六年以來成長了十倍，相當驚人。同屬華人社會的臺灣與香港（三百萬隻），也大量購買海馬供中藥材使用。此外，一九九六年七月，在澳洲布里斯本舉辦的「第二世界漁業會」，有學者呼籲澳洲政府應積極保護海馬，中國經濟力擴展的結果使得海馬面臨生存險境，每年有兩千萬隻海馬被製成中藥

---

30 吳明娟，〈天冷　藥膳藥酒適時進補　中醫院與華王飯店　合作推出新菜色〉，《民生報》二〇〇一年十一月廿七日，CR二版。

31 吳明娟，〈鄧師傅的生龍活虎湯　新泰城的雲南汽鍋雞湯　秋冬養生湯品　限量供應〉，《民生報》二〇〇三年十一月六日，CR一版。

32 簡邦平，〈藥舞揚威：威而鋼的臺灣經驗〉，臺灣男性學暨性醫學醫學會，http://www.tand.org.tw/publications/into.asp?/440.html。編譯董更生，〈發威不靠中藥　救八種動物〉，《聯合報》二〇〇五年十月十二日，A七版。訪談馬逸才先生（中華民國中藥商業同業公會全國聯合會理事長），二〇二二年十一月二日。

材，中國的海馬進口價格爲每公斤一千兩百美元（相當於銀的七倍），過度捕撈的結果使得菲律賓海域的海馬數量減少七成，而澳洲水域具有全球三分之一的海馬種類，也面臨危險。[33]

一九九六年《國家地理雜誌》也報導，華人社會每年從東南亞進口兩千萬尾海馬，使得泰國、菲律賓與越南等主要產地的海馬數量，在過去五年已減產百分之五十至七十。[34]其中，泰國是世界最大的海馬出口國，每年出口十五公噸的乾海馬到兩岸三地，做爲壯陽與治療哮喘等疾病之用，泰國保育團體呼籲泰國政府應禁止出口海馬到中港臺地區。

上述海洋學者與保育團體的呼籲，促使了二〇〇二年十一月CITIES（瀕臨絕種野生動物植物國際貿易公約，簡稱「華盛頓公約」）終於將海馬列爲「附錄二」的物種，也就是「目前雖無滅絕危機，但應受適當的國際貿易管制」。「世界自然基金會」（WWF）的調查也指出，二〇〇二年有兩億四千萬隻海馬被捕獲，貿易量每年以百分之八至十的速率增加，因此本次CITIES大會將所有種海馬全數列入附錄二。[35]

二〇〇二年十一月《華盛頓公約》（CITIES）將海馬列入附錄二，二〇〇四年該公約對於海馬國際貿易的管理正式生效，根據過去交易紀錄顯示，全球百分之七十的海馬由泰國出口，在CITIES的新規範下，泰國政府必需提供無危害證明（Non-detriment findings, NDF），才能繼續出口海馬。另一方面，做爲海馬的進口國，臺灣的海馬年消費量約八千公斤，多數來自泰國，自二〇〇四年五月開始，臺灣進口海馬時，包括活體（水族館）、乾製品（藥用）皆需附上產地證明，並有農委會的核准證明方可進行交易。附錄二生效之後，香港及臺灣的海關資料顯示，海馬的進口量下降、價格急速上升。從二〇〇四至二〇一四年，乾海馬在十年內的價格飆漲十倍，許多漁船紛紛改裝拖網設備，用捕大蝦的拖網漁船「蝦仔拖」，至澎湖以西海域捕撈，因爲海馬多棲息在深海藻類繁茂之處，普通漁具捕捉不到，期望能大賺一筆。[36]

33 產經新聞報導，〈海馬遭濫捕銳減　幾乎作中藥材　兩岸三地消耗最多〉，《聯合晚報》一九九六年二月十八日，三版。美聯社布里斯本三十日電，〈海馬入藥　過度捕撈岌岌可危〉，《民生報》一九九六年七月卅一日，二九版。

34 邵廣昭，〈痛心因為愛　臺灣海洋環境專題系列七　海水魚的美麗與哀愁〉，《聯合報》一九九七年六月三十日，四一版。中央社，〈亞太走廊 泰國大量出口海馬〉，《經濟日報》一九九六年八月五日，十一版。

35 〈第十二屆華盛頓公約締約國大會〉，《國際保育通訊季刊》第十卷第四期（二〇〇二年十二月），頁二一。

36 中央社記者紀錦玲二十六日電，〈CITIES 公約衝擊海馬藥材市場　水產所繁殖突破〉，《大紀元》二〇〇三年十月廿六日，https://www.epochtimes.com/b5/3/10/26/n400252.htm。戴靖萱、葉信明，〈「野生動物貿易管理魚海洋魚類的實踐與挑戰」專題演講紀要〉，行政院農業委員會水產試驗所電子報，一五二期（二〇一八年十二月），https://www.tfrin.gov.tw/friweb/frienews/enews0152/s1.html。謝龍田，〈海馬價漲　漁船改裝狠撈〉，《聯合報》二〇一四年四月廿六日，B二版。

簡言之，廿一世紀以降由於國際保育意識提高，東南亞地區的海馬生產國已不再像過去，無限制地大量供應海馬給中國、臺灣等消費地，進口海馬的價格大幅提高，衝擊了臺灣國內中藥市場，影響民眾的購買意願。除了價格的因素之外，威而鋼等壯陽西藥在臺灣社會的普遍，提供男性更多的用藥選擇，也使得海馬的消費數量大幅減少。

六、結論

海馬爲南方物產，根據傳統中國本草醫書記載，其早期功效是治療難產，產婦手握海馬即可助產。到了明代，李時珍的《本草綱目》特別強調海馬對於「陽虛」與「房中術」的效用，他的觀點影響了日後華人社會對於海馬藥效之界定，視其爲暖水臟、壯陽道之藥。在臺灣的脈絡下，清代方志《澎湖廳志》記載海馬可補陽氣與助產，價格昂貴，其看法大抵承襲中國本草典籍之論述。到了日治時期，日本脈絡下「和藥」的海馬食療非常少見，海馬屬於「漢藥」系統下之藥補實踐，做爲「強壯劑」和「催淫劑」之用，但坊間似乎並不多見。到了戰後臺灣，海馬的藥補實踐更加普遍，一九五〇—一九九〇年代的報章雜誌顯示，海馬被視爲壯陽的高貴食材，多以藥酒的形式出現。

由於臺灣本身的海馬產量有限，中藥貿易商多從泰國等東南亞地區進口乾海馬，供應國內市場消費。然而，蓬勃的海馬中藥市場在廿一世紀以降出現改變，一方面是治療陽痿的威而鋼（VIAGRA）等西藥在臺上市，提供民眾更快速便利的選擇；另一方面，國際環境保護意識提升，《華盛頓公約》（CITIES）將海馬列入附錄二的規範，自二〇〇四年三月生效後，臺灣進口的海馬數量大減，導致海馬價格飆漲。上述兩個原因造成臺灣中藥市場上，海馬消費數量銳減，海馬的藥補實踐不若以往活絡。

總結來說，海馬做爲中藥的角色，從較早的「難產藥」轉變爲明代以後的「壯陽藥」，此後華人社會多視海馬具有強精補腎之功效，也使得海馬的藥補實踐在戰後臺灣社會相當盛行，包含海馬藥酒、海馬丸乃至海馬入菜。二十一世紀後受到西藥與國際保育的影響，海馬交易在臺灣中藥市場則漸趨沒落。

補肺氣與益陽道

——戰後臺灣的蛤蚧食療與消費初探

郭忠豪
臺北醫學大學人文暨社會科學院助理教授

在臺灣的中藥市場上，蛤蚧是相當特殊的一項中藥材，它是一種體型較大的守宮，又名爲「蛤蟹」與「仙蟾」，多生長在中國嶺南與東南亞地區，製成乾品方式銷售到臺灣。李時珍在《本草綱目》稱蛤蚧主治「久咳嗽，下淋瀝，通月經，治肺氣，療咳血，補肺氣，益精血與壯陽」。本文將透過本草文獻與報紙資料，討論蛤蚧在臺灣中藥的食補角色與特殊性。

一、唐宋文獻中的「蛤蚧」記載

傳統中國關於蛤蚧的較早紀錄爲唐代的《北戶錄》，該書是曾在嶺南任官的段公路所著，專門記載嶺南地區的奇聞軼事，云：「蛤蚧，首如蟾蜍，背淺綠色，上有黃斑點，若古錦文，長尺餘，尾絕短，其族則守宮、蜥蜴、蝘蜓，多居古木竅間，自呼其名，聲絕大。或云一年一聲，驗之非也。」[1] 此外，唐昭宗時期曾擔任廣州司馬劉恂的《嶺表錄異》，記錄廣東與廣西的物產與風土民情，對於蛤蚧的外觀云：「首如蝦蟆，背有細鱗。如蠶子。土黃色，身短尾長，多巢于樹中。端州古墻內，有巢于廳署城樓間者，暮則鳴。自呼蛤蚧。或云鳴一聲，是一年者。」[2] 並說明其藥效，「里人採之，鬻于市爲藥，能治肺疾。醫人云，藥力在尾，不具者無功。」[3] 由上可知，唐代對於蛤蚧已有初步瞭解，記錄蛤蚧是中國嶺南特有之物，其他地區較少見到，能治肺疾，且藥力在尾。

到了宋代，醫藥學家唐愼微著有《證類本草》，此書參考《嶺表錄異》，但提出更詳細的說明：

蛤蚧，味鹹平，有小毒，主治肺勞傳屍，殺鬼物邪氣，療咳嗽、下淋瀝、通水道。生嶺南山谷及城牆或大樹間，身長四、五寸，尾與身等形如太守宮，一雄一雌常自呼，其名曰蛤蚧。最護惜其尾，見人欲取之，多自嚙斷其尾，人即不取之。凡採之者，須存其尾，則用之力全故也。[4]

這段文字對蛤蚧的習性與療效有詳細說明，首先是蛤蚧相當珍惜其尾巴，若被捉之際會斷尾求生，因此補抓之人若欲抓牠，會盡力保護其尾巴。在療效方面，蛤蚧可治療「肺勞傳屍」，亦即肺部疾病，也可驅除「鬼物邪氣」，還可以治癒泌尿方面問題。此外，在蛤蚧的藥劑方面，宋代醫家陳言著有《三因極一病證方論》，提到「蛤蚧散，治積癆久嗽失音」，成分爲：「蛤蚧（一對，去口足，水浸，去膜，刮去血脈，用好醋炙）、訶子、阿膠、熟地、麥冬、細辛、甘草（各五錢）。爲末，蜜丸皂莢子大，每服一丸，含化，不拘時服。」[5] 由此可知，蛤蚧需要用「一對」，而非「一隻」用於醫藥治療。

1 段公路，《北戶錄》，（合肥：黃山書社，二〇〇八，清光緒十萬卷樓叢書本），卷一，頁十一b。
2 劉恂，《嶺表錄異》，（合肥：黃山書社，二〇〇八，清乾隆武英殿聚珍版叢書本），卷下，頁七a。
3 同上。
4 唐慎微，《證類本草》，（合肥：黃山書社，二〇〇八，四部叢刊景金泰和晦明軒本），卷廿二，頁二十b。
5 陳言，《三因極一病證方論》，（出版地不明：出版者不明，一六九三，元祿六年富士川游寄贈版），卷十，頁四b。

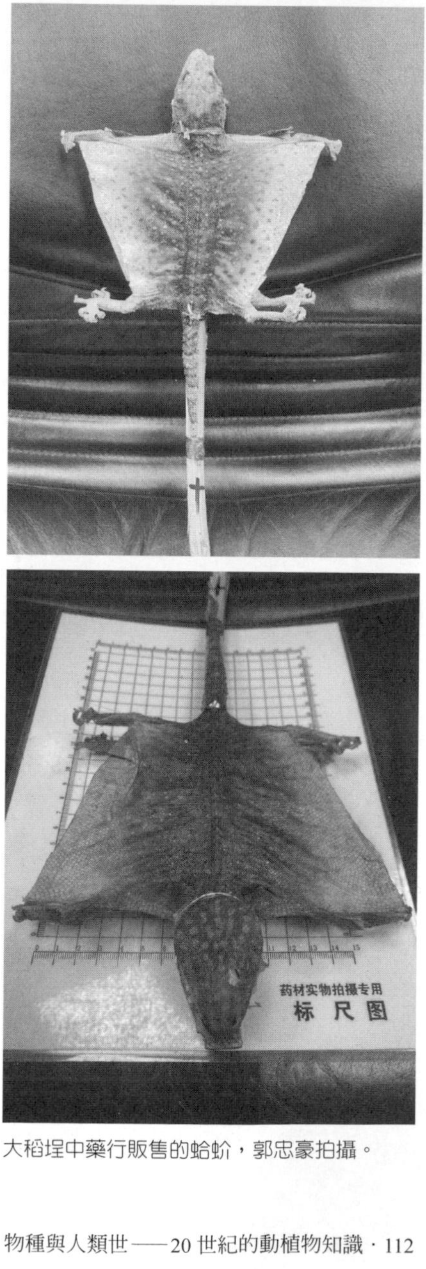

大稻埕中藥行販售的蛤蚧，郭忠豪拍攝。

二、明代《普濟方》與《本草綱目》的蛤蚧食療

到了明代，蛤蚧以丸濟形式出現頗多，明代醫家朱橚《普濟方》（一四〇六）記載「蛤蚧丸」治肺癆咳嗽，成分是：「蛤蚧（炙一對）、天門冬（去心焙）、麥門冬（去心焙）、生乾地黃（焙各一兩）、貝母（去心焙二兩）、欵冬花（焙）、紫菀（取鬚焙各二兩）、杏仁（去皮尖、雙仁焙，一百枚研）。右爲末，鍊蜜丸，如梧桐子大，每

服十丸至十五丸，食後煎淡生薑湯下。」[6]朱橚還記載另一種「保命丸」，可「治積勞咳嗽，日久不輕，自汗口中無味」，成分是：「蛤蚧（一枚，如丈夫患用，雄者腰上；如女人患用，雌者腰下，截酥炙）、欵冬花、木香（不見尖）、杏仁（去皮尖，童子小便，浸一復時，握乾蜜炒）、天麻、乾地黃（熟煮如黑餳另焙）、半夏（湯浸）、丁香（五錢）、五味子。右爲末，鍊蜜丸，如梧桐子大，每服食後，生薑湯下，十五丸至二十丸，一方，無天麻、半夏、丁香。」[7]有趣的是，蛤蚧雖然以「丸」與「散」形式呈現，但使用上也有雌雄之別，例如男性服用需以雄性蛤蚧爲主，女性服用則以雌性蛤蚧爲佳。

在傳統本草文獻中，明代李時珍《本草綱目》的蛤蚧記載最爲詳細且値得討論。首先，在「釋名」方面，他稱蛤蚧爲「蛤蟹」與「仙蟾」，進一步解釋：「蛤蚧，因聲而名，仙蟾，因形而名，嶺南人呼蛙爲蛤，又因其首如蛙，蟾也。雷斆以雄爲蛤，以雌爲蚧，亦通。」[8]在「集解」方面，李時珍詳細說明蛤蚧特徵、產地與藥效。他首先引用

6 朱橚，《普濟方》，〈肺臟門〉，（合肥：黃山書社，二〇〇八，清文淵閣四庫全書本），卷二七，頁十三a—十三b。
7 朱橚，《普濟方》，〈虛勞門〉，（合肥：黃山書社，二〇〇八，清文淵閣四庫全書本），卷二三一，頁七a。。
8 李時珍，《本草綱目》，卷四三，頁三〇五一。

〔志曰〕說明「藥力在尾，尾不全者不效」，此與唐代《嶺表錄異》的觀點十分類似。李時珍並引用五代李珣《海藥本草》：「生廣南水中，夜即居於榕樹上。雌雄相隨，投一獲二。近日西路亦有之，其狀雖小，滋力一般。俚人採之割腹，以竹張開，曝乾鬻之。」這段敘述顯示五代時期已將蛤蚧剖腹曬乾販售，與今日臺灣中藥行販售蛤蚧形式一樣。又，李時珍也引用蘇頌的《本草圖經》云：「入藥需雌雄兩用。或云陽人用雄，陰人用雌。」這段敘述非常有趣，提到蛤蚧入藥是「雌雄兩用」，而且是「陽人」（男性）要吃雄的蛤蚧，陰人（女性）要吃雌的蛤蚧，同時強調入藥與服藥均需「陰陽調和」。[9]又，他引用顧玠的《海槎錄》云：

廣西橫州甚多蛤蚧，牝牡上下相呼，累日，情洽乃交。兩相抱負，自墮于地。人往捕之，亦不知覺，以手分劈，雖死不開，乃用熟稿草細纏，蒸過曝乾售之，煉爲房中之藥甚效。尋常捕者，不論牝牡，但可爲雜藥及獸醫方中之用耳。[10]

上文有兩點值得討論。第一，李時珍提到蛤蚧的求偶與交配，其忘我姿態甚至連被捕之際也無所知，因此可做爲「房中之藥」；第二，蛤蚧可提煉爲「雜藥」與「獸醫方」，特別是後者在之前的本草文獻中甚少提及。

在「主治」方面，李時珍承襲傳統文獻的看法，提出蛤蚧可「補肺氣，益精血，定喘止嗽，療肺癰消渴，助陽道」。在「發明」方面，李時珍曰「昔人言補可去弱，人參、羊肉之屬。蛤蚧補肺氣，定喘止渴，功同人參，益陰血，助精扶羸，功同羊肉。」[11]上文顯示，李時珍特別強調蛤蚧「補」的功效形同人參與羊肉，可補肺氣與男女生殖之道。

綜合上述傳統中國本草書籍，關於蛤蚧的重要性可整理如下：首先，蛤蚧多來自嶺南地區，尤以廣西橫州甚多，屬於南方藥材；第二，蛤蚧「藥力在尾」，酥炙後可與其他藥材製成丸散形式服用；第三，蛤蚧原主治肺疾與氣喘，但明代李時珍以蛤蚧交配之姿，強調其可做為「房中術之藥」與「助陽道」。第四，蛤蚧藥效相當廣泛，除了「肺疾」之外，還可做為「雜藥」與「獸醫方」，同時也可當作一般「補藥」，補氣與補男女生殖之道。

9 同上，頁三〇五一。
10 同上，頁三〇五一。
11 同上，頁三〇五二。

三、日治時期臺灣的蛤蚧資料

蛤蚧，俗稱大守宮，主要產於華南地區與東南亞，臺灣相當少見。日治時期《臺灣日日新報》曾出現一則關於大守宮的報導。大正十一年三月三十一日（一九二二）有一篇報導，題名〈珍しい大守宮　臺灣では始ての發見〉，文中提到當時臺南師範學校的學生在某家屋內捕獲大守宮，長度約有一尺（依據日本度量

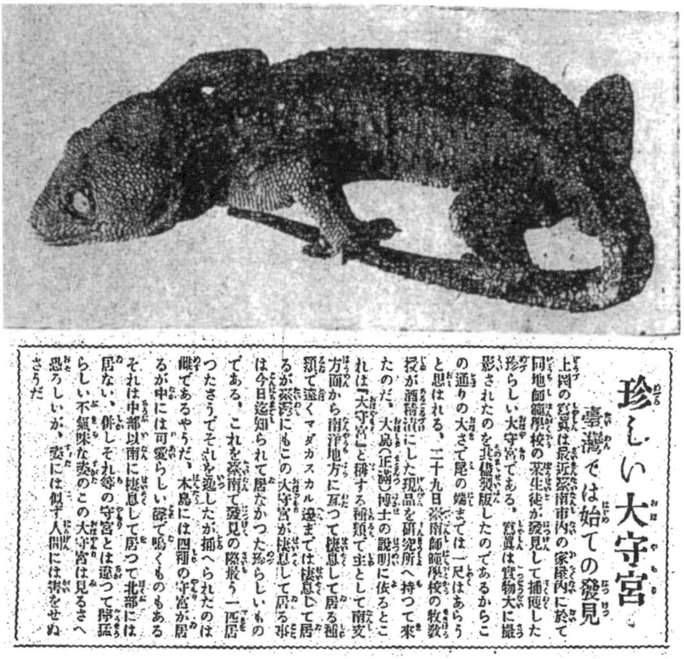

珍しい大守宮

臺灣では始ての發見

上圖の寫眞は最近臺南市内の家屋内に於て同地師範學校の某生徒が發見して捕獲した珍らしい大守宮である、寫眞は實物大に撮影されたのを其儘製版したのであるからこの通りの大さで尾の端までは一尺はあらうと思はれる、二十九日臺南師範學校の牧教授が酒精漬にした現品を研究所へ持つて來たのだ、大島（正滿）博士の說明に依るとこれは「大守宮」と稱する種類で主として南支方面から南洋地方に亙つて棲息して居る種類で遠くマダカスカル邊までは棲息して居るが臺灣にもこの大守宮が棲息して居る事は今日迄知られて居なかつた珍らしいものである、これを臺南で發見の際擬う一匹居つたさうでそれを逸したが捕へられたのは雌であるやうだ、本島には四種の守宮が居るが中には可愛らしい聲で鳴くものもあるそれは中部以南に棲息して居つて北部には居ない、併しそれ等の守宮とは違つて獰猛らしい不氣味な姿のこの大守宮は見るさへ恐ろしいが、姿には似ず人間には害をせぬさうだ

《臺灣日日新報》中的大守宮報導。資料來源：不著撰人，〈珍しい大守宮　臺灣では始ての發見〉，《臺灣日日新報》一九二二年三月三十一日，七版。

衡，一尺約二五・四公分）。依據大島正滿博士的說明，大守宮的棲息地主要在南中國和南洋，最遠可達馬達加斯加島。過去並不知道臺灣有大守宮的蹤跡，相當難得。臺灣有四種守宮，都棲息在臺中以南，北部幾乎看不見。這次捕獲的大守宮與臺灣原有的守宮很不同，長相猙獰，看起來很詭異，但似乎對人也無害的樣子。[12] 文中的大島正滿博士相當重要，曾任總督府中央研究所動物學部長，對魚類學與爬蟲學極有研究，並命名臺灣的櫻花鉤吻鮭。[13] 由這篇報導可知，臺灣有守宮（俗稱壁虎），但大守宮（蛤蚧）非常罕見。

明清以降，隨著閩粵漢人渡臺，也將中藥的知識與實踐方式帶入臺灣。日治時期臺灣雖屬於日本殖民地，但中藥食補文化在民間依舊存在，蛤蚧也是其中一項。根據昭和十三年（一九三八）十一月，由「臺北市藥業組合」出版的《和漢藥小賣值段表》中，有標示大蛤蚧與蛤蚧尾的小賣（零售）價格，分別爲一匁（三・七五公克）五百五十圓，以及一尾八百圓。[14] 相對於其他中藥材，蛤蚧價格非常昂貴，有可能是因

12 不著撰人，〈珍しい大守宮　臺灣では始ての發見〉，《臺灣日日新報》一九二二年三月卅一日，七版。
13 大島正滿。國家圖書館臺灣記憶系統。https://tm.ncl.edu.tw/。擷取日期：二〇二二年十月二十日。
14 臺北市藥業組合，《和漢藥小賣值段表》（臺北：臺北市藥業組合，一九三八）。

為一九三七年中日戰爭，禁止漢藥輸入臺灣，導致價格飆漲，民間業者相當困擾，因此提出物價抑制的要求。根據一九三八年八月二十八日《臺灣日日新報》的報導，臺北漢藥統制組合、臺北藥業組合、基隆藥業組合聯合實施價格統制，因此一九三九年大蛤蚧與蛤蚧尾的小賣（零售）價格大幅下降，分別為一匁（三．七五公克）兩百圓，以及一尾三百五十圓。[15]

爾後，根據昭和十五年（一九四〇）九月二十日，臺北州告示第三一二號認可，由「臺北州藥業組合聯合會發行」的《漢藥協定價格》顯示，「大蛤蚧」與「中蛤蚧」的「仕入先」（供應商）均來自天津，「大蛤蚧」一對「最終卸賣（批發）販賣價格」四．一六圓，一隻要價二．七〇圓；「中蛤蚧」一對「最終卸賣（批發）販賣價格」三．五二圓，一隻要價二．二八圓。[16]

日治時期臺灣拓殖株式會社的子公司「福大公司」[17]，曾經對於輸入臺灣的漢藥情況進行調查，在昭和十五年（一九四

表一：昭和十二年至十四年蛤蚧輸入臺灣的數量與價額

時間	數量（斤）	價額（圓）
昭和12年（1937）	885	10,280
昭和13年（1938）	165	1,994
昭和14年（1939）	1,119	12,007

資料來源：福大公司，《臺灣ニ於ケル輸入漢藥調查書（秘）》，郭忠豪編輯製表。

〇）三月十四日《臺灣ニ於ケル輸入漢藥調查書（秘）》一書中，記錄了昭和十二年（一九三七）至十四年（一九三九）期間蛤蚧的輸入數量與價格。一九三七年輸臺數量爲八八五斤，價額爲一萬零兩百八十圓。一九三八年可能受到中日戰爭影響，輸入量驟減爲一六五斤，價額爲一，九九四圓。但一九三九年蛤蚧輸臺數量又上升爲一，一一九斤，價額爲一萬兩千零七圓。[18] 由此可見，日治時期臺灣對於蛤蚧漢藥的需求甚大，說明了民間存在以蛤蚧補身的食療方式。

總結來說，就日治時期的資料來看，當時臺灣社會確實使用蛤蚧做爲漢藥，且數量與金額皆不在少數，這應是受到傳統中國本草文獻的影響，也可看出蛤蚧在日治時期臺灣中藥市場的重要性。

15 不著撰人，〈漢藥品の價格統制　臺北、基隆兩市業者が實行〉，《臺灣日日新報》一九三八年八月廿八日，二版；福大公司，《昭和十五年三月十四日　臺灣ニ於ケル輸入漢藥調查書（秘）》（出版地不詳，出版年不詳）。

16 臺北州藥業組合聯合會，《漢藥協定價格》（臺北：臺北市藥業組合，一九四〇）。

17 福大公司為日治時期的國策會社之一，於一九三七年十一月成立，在華南與東南亞均有事業。詳見不著撰人，〈福大公司は來月一日創立　第一回拂込も完了し　事務は竹藤氏に確定〉，《臺灣日日新報》一九三七年十月廿一日，二版。

18 福大公司，《昭和十五年三月十四日　臺灣ニ於ケル輸入漢藥調查書（秘）》（出版地不詳，出版年不詳）。

四、戰後（一九六〇—一九八〇）蛤蚧進口與禁藥新聞

上述日治時期資料顯示，當時臺灣的蛤蚧主要從中國進口。到了戰後，情況亦然，因兩岸禁止通商，中藥多從第三地香港進口來臺。根據一九六〇至一九七〇年代的報紙顯示，臺灣消費的蛤蚧多來自廣西梧州，經由香港入臺，稱之爲「港產梧州蛤蚧」。此外，越南海防也有蛤蚧進口來臺，但爾後越南產地陷入共產黨掌控，貨源中斷，因此臺灣商人改從泰國進口，當時泰國蛤蚧價格較越南便宜，中盤開價每隻是三百五十元，然而蛤蚧藥力在尾巴，但尾部殘缺不全，因此顧客購買力不佳。[19] 一九七七年一則報導顯示：國內某貿易商進口中藥一批，其中包括印尼產蛤蚧，但海關認定該蛤蚧爲北越海防產品，控訴該公司涉嫌私運「敵對國家」貨物進口。爾後經證明，該批蛤蚧確實產自印尼爪哇與峇里島等地，法院判決將沒收的蛤蚧歸還該公司。[20]

雖然蛤蚧有不同產地，但一般認爲廣西梧州產的蛤蚧品質最佳，泰國蛤蚧其次。廣西有土特產倉庫之稱號，當地珍貴藥材如蛤蚧與白花蛇等占中國第一，補酒與藥酒也非常普遍，著名的有蛤蚧酒與三蛇酒等。[21] 一九六〇至一九七〇年代，受限於兩岸政治情況，蛤蚧來源不穩定，導致供不應求，一九六八年《徵信新聞報》有一則非常有趣的報

導，標題是「與其換腎　不如補腎　蛤蚧進口繁殖成功　病夫有福」，文中敘述一位中醫師沈家興從香港乘坐「安慶」輪船來臺，帶回一對活蛤蚧，準備飼養繁殖。該名中醫師認為蛤蚧是中藥名貴藥材，對於「強身補腎」藥效甚佳。[22] 從這則報導來看，當時不少人相信服用蛤蚧具有「補腎」效果，確實也符合傳統本草中對於蛤蚧療效的解釋。

由於民眾對於蛤蚧有一定需求量，因此坊間出現不少號稱含有蛤蚧的偽藥與禁藥，例如一九七〇年臺北市查獲偽藥案，其中一例是上述中醫師沈家興自行調製並販售「蛤蚧鴛鴦寶」成藥一百三十瓶。另一則偽藥報導是一九七四年發生在臺北市延平北路的案件，報導商人王舜雄等十人偽造藥物與化妝品，其中偽造之藥品包括「蛤蚧蔘茸大補

19 本報訊，〈香港各種藥材上漲〉，《經濟日報》一九七一年六月廿三日，七版；本報訊，〈中藥材　泰國蛤蚧應市〉，《經濟日報》一九七七年五月十八日，十一版；本報訊，〈緬甸柴胡　韓國杜仲　滑落〉，《經濟日報》一九七七年十月廿三日，六版；訪談馬逸才先生（中華民國中藥商業同業公會全國聯合會理事長），二〇二二年十一月二日。

20 本報訊，〈進口蛤蚧被沒收　兩度訴願遭駁回　行政法院根據鑑定判決被告機關敗訴〉，《中央日報》一九七七年六月廿九日，三版。

21 彭基源，〈廣西　土特產倉庫　有色金屬之鄉　水力資源豐富　今後只迎戰不備戰〉，《聯合報》一九九三年四月廿六日，四一版。

22 本報訊，〈與其換腎　不如補腎　蛤蚧進口　繁殖成功　病夫有福〉，《徵信新聞報》一九六八年六月廿七日，一版。

丸」、「香港梁濟時海狗丸」、「髓封虎鞭丸」、「至寶奇珍滋腎秘方」、「虎標萬金油」、「調經姑嫂丸」、「印度神丹」等多種。[23]

除了藥丸之外，以蛤蚧泡酒也是坊間普遍的服用方式。一九八〇年代也有許多販售蛤蚧假藥酒的新聞報導。例如一九八六年在基隆與臺北地區搜出多種假酒，包括「蛤蚧蛇鞭酒」、「虎珀三鞭酒」、「靈芝三鞭酒」、「鞭茸壯陽酒」、「虎骨酒」、「陳年龍涎酒」與「特質龍虎酒」等。[24]

與其換腎・不如補腎

蛤蚧進口

繁殖成功 病夫有福

〔基隆訊〕一位由香港搭乘「安慶」輪返國的旅客沈家興，昨天帶回了一對活的「蛤蚧」，將在本省繁殖。因爲「蛤蚧」是中醫處方作爲強身補腎的良藥，如果繁殖成功，這對進口的「活寶貝」將是病家的福音。

這對雌雄活「蛤蚧」體積不大，形狀像古代的「恐龍」，張牙舞爪的被關在一隻鐵絲籠中。據業中醫師的沈家興說，他是在香港大禹山麓發現後，日以繼夜守候捕獲的。他說：「蛤蚧」是中藥中的名貴藥材，尤對強身補腎有特殊功效；但服用這種補藥，一定要經醫生指導，另外配以藥材服用，否則事倍功半。

《徵信新聞報》一九六八年六月二十七日。

從戰後初期到一九八〇年代，由於蛤蚧無法直接從廣西梧州販售到臺灣，必須經由香港再輸入到臺灣，這中間容易產生貨源短缺以及商人哄抬價格等情況，雖然有部分蛤蚧來自越南海防、泰國與印尼等地，但數量有限，因此蛤蚧在臺灣的中藥市場上屬於稀少且昂貴的中藥材，坊間也出現蛤蚧僞藥，包括藥丸與藥酒，從此面向也可看出戰後臺灣對於蛤蚧有相當程度的需求量。

五、一九九〇以降：趨向多元的蛤蚧食療

一九八七年十一月二日臺灣開放「大陸探親」，許多國人到中國探親與旅遊，有機會從廣西帶回的蛤蚧成藥，尤以廣西桂林中藥廠生產的「蛤蚧定喘丸」最爲著名。[25]另一方面，兩岸通商往來逐漸頻繁，蛤蚧取得也較過去容易許多，供應量較爲充足，也使得臺灣社會在蛤蚧食補實踐上更加多元，除了藥丸、藥散與藥酒之外，蛤蚧也入菜的食補方式。

傳統本草文獻界定蛤蚧的療效在於下列幾項：第一是治療氣喘，第二是解決泌尿問題與壯陽。例如：一九九八年《中華日報》報導蛤蚧「是動物中的壯陽及珍貴的滋補藥材，藥理研究證明蛤蚧經提取液體，成分富有雄性激素，能治療各種神經衰落及各種虛症」，該報導也提到「臨床上壯年人性功能減退有早洩現象，或六十歲以上之老人性

23 本報訊，〈查緝取締偽劣禁藥　半年來績效佳　工作會報提出報告〉，《聯合報》一九七〇年六月廿八日，六版；本報訊，〈偽造藥物及化妝品　王舜雄等十人被訴〉，《聯合報》一九七四年五月廿一日，三版。

24 基隆訊，〈調查幹員兵分多路　查獲大批假大陸酒〉，《聯合報》一九八六年二月七日，五版。

25 郭錦萍，〈透視大陸藥　依舊含滿金屬〉，《聯合報》一九九二年一月廿六日，五版。

功能減退」，可服用蛤蚧與鹿茸、牡蠣、高麗參等製成之藥丸，即可恢復性功能。[26]此外，也有報紙提到老年人「陽事乏力，攝護腺肥大，夜間頻尿者」，可將狗腎（狗睪丸）燉蛤蚧尾與鹿茸，具有滋補功效。[27]

一九九九年《中華日報》有一則關於蛤蚧非常詳細的報導，題名為〈定喘補腎話蛤蚧〉，提到氣候變化無常之際，許多人有氣喘問題，此時可服用來自廣西的乾蛤蚧，具有「定喘補腎」的效果。該報導接著提到：「經過現代藥理實驗證明，蛤蚧乙醇提取物可使實驗動物的前列腺、精囊、子宮、卵巢增加重量。由此可以證明：蛤蚧具有雌雄性激素同樣作用；其補腎壯陽，益精血的功效顯著。」在烹飪方式上，該文強調：「活蛤蚧多與肉類同蒸，乾的多用來清燉或浸酒。蛤蚧酒馳名中外，蛤蚧不論是活的或乾的，均以大條、肥壯、四趾、尾不破碎著為佳。」此外，蛤蚧還可製成多種藥方，包括「蛤蚧酒」（主治腎虛、陽痿、尿頻）、「蛤蚧羊肺湯」（主治身體虛弱、肺癆咳嗽）、「蛤蚧人參粥」（主治肺腎兩虛導致咳嗽、氣喘、面浮肢腫）、「蛤蚧人參丸」（主治咳嗽、面浮肢腫，尤其對老人虛弱、肺原性心臟病有效）與「蛤蚧香參粉」（主治心臟衰弱、咳喘氣逆、面浮肢腫）。[28]

除了治喘之外，蛤蚧另一項特別被強調的功效是壯陽。長久以來，男性消費者多會到中藥房買「補腎方」，含有西洋參、蛤蚧、紫河車以及鹿茸等藥材。不過，也有中醫師建議，淫羊藿、人參、冬蟲夏草、鹿茸與蛤蚧等藥材，當作「補品」無妨，但若想用於治療陽痿，最好先看過中醫。一九九九年三月，「威而鋼」在臺灣上市，國內興起一股壯陽風潮，也有中醫師研發「中藥威而鋼」，使用的藥材包括蛤蚧、海馬、熟地、人參、鹿茸、冬蟲夏草、石燕、車前子與五味子等。[29]

一九九〇年代以降，隨著兩岸通商頻繁，臺灣中藥市場的蛤蚧銷售也更加活絡，不僅出現多種藥方食補方式，同時也將蛤蚧與其他食材一起入菜烹飪，成為滋補養生的料理。有業者在湯品內加入從「廣西梧州來的雌雄蛤蚧（據說非得雌雄同羹，才有效果）、哈士蟆油（雌性雪蛤的輸卵管及卵巢）、雞腰、紅棗及雲南火腿」以達到壯陽效果。此外，高雄田寮鄉端出「火山泥戰鬥雞」，雞腹內塞有蛤蚧、海馬等多項中藥材，

26 黃英華，〈養生日知錄——蛤蚧〉，《中華日報》一九九八年五月廿四日，十一版。
27 黃天里，〈漢方食補　益氣養顏強身〉，《聯合報》二〇〇二年十一月廿四日，八版。
28 楊柱中，〈定喘補腎話蛤蚧〉，《中華日報》一九九九年四月二日，十二版。
29 洪淑惠，〈威而鋼　熱呼呼　壯陽中藥　也沸騰〉，《聯合報》一九九九年一月八日，三版；洪淑惠，〈想當活龍　也可試試針灸〉，《聯合報》一九九九年三月廿一日，七版；董順隆，〈中藥威而鋼　試用者現身說法〉，《聯合報》二〇〇一年四月廿八日，十八版。

非常適合冬令進補。高雄仁武鄉橫山休閒鹿場也推出「鹿茸雞」藥膳，先將鹿茸與鱉甲、蛤蚧、淫羊藿等珍貴藥材加酒浸泡半年，將其藥酒加上烏骨雞燉煮，饕客吃過後皆讚不絕口。另有高雄市自強二路餐廳「牛羊家族」推出「海馬蛤蚧燉羊肉」，不僅滋味佳也具食補功效。二〇〇七年日本「中華料理師協會」來臺訪問，到埔里進行考察，當地餐廳廚師提供「養生蛤蚧雞」，兩尾生鮮超大蛤蚧非常吸引日籍料理師。此外，也有高雄的中藥行販賣包含蛤蚧成分的阿膠，業者提到：「阿膠堪稱是中國古老的生物科技，製作時用現殺的臺灣大水鹿活體，佐以海馬、蛤蚧、鹿茸等七十二種中藥材，加水熬製至少三天三夜以上才能成膠。」[30]

由上可知，蛤蚧以多種形式出現在一九九〇年代以後的臺灣市場，除了藥丸與蛤蚧酒之外，蛤蚧入菜也成爲一項相當特別的現象。

六、結論

本文討論戰後臺灣蛤蚧的食療與消費文化，從傳統中國本草學中可以看見，蛤蚧多產於兩廣地區，尤以廣西地區品質最佳。在本草典籍中，較早提到蛤蚧治療疾病的是唐代段公路的《北戶錄》，強調蛤蚧可以治療肺疾且藥力在尾巴。爾後本草文獻多強調蛤蚧可以治療肺疾如咳嗽等，不過一直到明代李時珍才又增加「壯陽」療效，他引用顧玠的《海槎錄》提到蛤蚧「牝牡上下相呼，累日，情洽乃交。兩相抱負，自墮於地。人往捕之，亦不之覺，以手分劈，雖死不開」，爾後蛤蚧療效不僅有肺疾，同時也可提煉製成「房中術之藥」，李時珍也增加「補肺氣，益精血，定喘止嗽，療肺癰消渴，助陽道」，大抵爲蛤蚧定下日後的療效準則。

到了日治時期，從官方的資料可以看見，臺灣民間對於蛤蚧依舊有相當程度的消費量，且多從中國進口。到了戰後一九六〇至一九八〇年代，蛤蚧主要透過香港輸入臺灣，稱之爲「港產梧州蛤蚧」，也有部分來自於越南海防、泰國以及印尼等地。然而，受到兩岸政治情勢影響，港產梧州蛤蚧來源不穩定且價格昂貴，坊間多有僞製品充斥。

---

30 景小配採訪，〈老廣湯食　臺北專賣〉，《聯合報》一九八九年十一月廿六日，二五版；包希勝，〈羊排鬥雞　包火山泥〉，《聯合報》二〇〇〇年十一月十九日，十八版；王昭月，〈雞年養生　十全大補〉，《聯合報》二〇〇五年二月十九日，C三版；謝佩芬，〈牛羊家族　鮮！〉，《聯合報》二〇〇五年四月廿三日，C三版；陳紹聖、紀文禮，〈埔里庄腳菜大宴日本美食家〉，《聯合報》二〇〇七年三月七日，C一版；王昭月，〈阿膠像石頭　可能是劣貨〉，《聯合報》二〇〇五年一月廿九日，C二版。

一九八七年臺灣開放「大陸探親」以後，許多人到中國探親，順便帶回廣西當地藥廠製作的蛤蚧藥品，然而這些成藥多含過多汞量，導致危害健康甚大。

一九九〇年代之後，臺灣與中國貿易往來逐漸頻繁，蛤蚧獲取方式也較以往容易許多，此時蛤蚧消費逐漸趨向多元。在藥材方面，蛤蚧可以製成丸散等藥劑，也可製成藥酒，主要專攻肺疾、氣喘、陽痿以及泌尿等問題。在消費方面，不少業者將蛤蚧與其他中藥材與肉類一起燉煮，發揮其藥補療效，深受饕客喜愛。

總結來說，本文討論蛤蚧在戰後臺灣的消費與實踐方式，受到傳統中國本草食療的影響，從日治時期到戰後臺灣均有蛤蚧消費，日治時期《漢藥協定》多標示蛤蚧價格，顯然市場上有其消費客群。戰後臺灣市場上的蛤蚧以港產（來自廣西梧州）爲主，雖然取得方式與價格隨著政經方式有所波動，但臺灣對於蛤蚧的需求一直存在，且實踐方式也從簡單趨向多元，成爲臺灣社會補腎、壯陽與治療肺疾相當特殊的一項中藥材。

第二章

從天擇到人擇

來自中國的蔬果

——二十世紀前期西北太平洋地區農業交流的歷史地理

葉爾建
國立東華大學臺灣文化學系副教授

一、前言

廿世紀之初，菲律賓曾經自中國南方輸入高麗菜和花椰菜等蔬菜做為消費之用，夏威夷則連年購買中國的柑橘類果品。中國和周邊國家在歷史時期的農業交流研究已有學者做出貢獻，但多著重在傳統的中文典籍和文獻；較忽略外邦方面尤其是近代科學期刊的記載。例如，談到甘藷的引進，最常援用的是屈大均之《廣東新語》，所謂：「東粵多藷……番藷近自呂宋來，植最易。」[1]又如菸草品種帶入中國，則不得不提諸多漢籍

1 屈大均，《廣東新語》，（北京：中華書局，一九八五），卷二七，頁七一一。

中的相關記載。本文的目的並不企圖鉅細靡遺地描述中國和菲律賓間所有的農業交流，相對地乃是利用菲律賓側的現代農業期刊，舉例說明幾種官方防疫措施或作物品種改良個案，以期初探進入二十世紀後，由美國串起之西北太平洋沿岸各地域間農業交流的新模式。

美國政府在菲律賓的殖民經濟發展，並非一般想像中先進，其後來的產業面貌和變化也是多方互動的結果和不斷形成的過程。就目前掌握的資訊來看，廿世紀初菲律賓政廳的公共衛生和農業事務兩大部門，受中國側交流事項的影響較爲顯著。據此，本文討論的脈絡主要圍繞在菲律賓殖民政府的兩個官署，即檢疫局和農務局。檢疫局（Bureau of Quarantine Service）爲內務部（Department of Interior）之下轄部門，經費由菲律賓政廳財政單位支應，實際運作則由「美國公共衛生和海事醫院部」（Public Health and Marine-Hospital Service of the United States）負責。[2]（島嶼）農務局（Insular Bureau of Agriculture）成立於一九〇一年美國統治時期，但實際上是由一八九八年六月即設置的農工部（Department of Agriculture and Manufacturing）改制而來。菲律賓農務局成立初期，內部區分爲行政部（Administrative Division）、作物部（Division of Plant Industry）和畜產部（Division of Animal Industry）；一九一〇年代後，農務局配合殖民發展政策，擴編並依照菲律賓當地產業重點將組織調整爲畜牧部（Division of Animal Husbandry）、農藝部（Division of Agronomy）、園藝部（Division of Horticulture）、纖維作物部（Fiber Division）、推廣、出版、統計等部。農務局的業務主要包括農事調查、試驗和推廣。

爲說明以上論點，本文擬透過與菲律賓相關的農業和衛生機關的刊物，如Philippine Agricultural Review和Public Health Reports之類英文期刊的分析，檢視中菲兩地間的農業交流概況。主要資料包含「菲律賓農事報」和「公共衛生報告」，簡介如下：菲律賓農事報（或菲島農事報，*the Philippine Agricultural Review,* 1908-1929）是農務局的機關報，除農業試驗和農務紀實的專文外，尚可獲得農業相關資訊，如Current Notes和Notes from Other Fields。Current Notes（或可譯作地方農業時事）對於當地農學發展脈絡的介紹頗多助益。該農業期刊對於農知、農情資訊的蒐集地域往往不限於本國，也常另闢專欄轉載外國農林漁牧業等相關領域的最新發展和趨勢。多方收集各國農情資訊彙整而成「國際農業時事（Notes from Other Fields）」。

2 Bureau of Quarantine Service, "Report of the Secretary of the Interior", *Report of Governor-General of the Philippine Islands*, p13.

公共衛生報告（Public Health Reports）由Association of Schools of Public Health發行，目前可查閱的起訖年代爲一八九六至一九七○年。由於菲律賓群島的檢疫工作實際上由「美國公共衛生和海事醫院部」負責，檢疫長按規範應在每月的月末編纂工作報告，並上呈陳給海事醫院部醫官總長（Supervising Surgeon-General of the Marine-Hospital Service）。公共衛生報告記載涵蓋的地區，包括美國本土、海外領地以及其他國家的重要海港[3]。其內容不僅有質性的描述，也包括量化的統計表（參見右圖）。因而，此類工作報告不啻爲觀察十九世紀最末期到廿世紀下半葉，相關地區當時傳染病疫

MANILA, P. I., *August 10, 1900.*

SIR: I have the honor to submit a report of quarantine transactions for the month of July, 1900, as follows:

Manila.	
Bills of health issued—	
To foreign ports	11
To domestic ports	189
Number of vessels inspected—	
From foreign ports	42
To foreign ports	2
From domestic ports	190
Total number crew inspected	7,767
Total number cabin passengers inspected	939
Total number steerage passengers inspected	4,062
Total number persons quarantined for observation	13
Vessels held for observation of sick on board	1
Cebu.	
Bills of health issued	311
Number of vessels inspected—	
From foreign ports	10
From domestic ports	146
Total number crew inspected	3,510
Total number cabin passengers inspected	125
Total number steerage passengers inspected	1,050
Iloilo.	
Bills of health issued	60
Number of vessels inspected—	
From foreign ports	4
From domestic ports	30
Total number of crew inspected	1,191
Total number of passengers inspected	1,133

Respectfully,

J. C. PERRY,
Passed Assistant Surgeon, U. S. M. H. S.

The SURGEON-GENERAL, *U. S. Marine-Hospital Service.*

檢疫月報（一九○○年七月）。

Source: J. C. Perry, "Philippine islands. Maritime quarantine at Manila", *Public Health Reports*, 15（40）（October 1900）, p. 2476.

情和海港檢疫實況的最佳紀錄。

據此，文章首先重建廿世紀初中國與菲律賓間農產品貿易的地理；其次，討論蔬果品種引進和港口檢疫等交流歷史個案；最後，本文試圖指出依託於此農產品貿易的科學文化意義。

二、西北太平洋地區的貿易地理

歷史上不少國家的農業交流多肇因於輸出、輸入農產品的往來。然而，貿易網絡的形成其先決條件乃是海運路線的連結。十九世紀上半葉以前，菲律賓群島具合法貿易地位的港口僅有馬尼拉一處，且只能容許西班牙王國的船隻通航入港。一八三〇年，馬尼拉宣布成爲「Open port」開放外國船隻前來貿易通商後；一八六〇年前後，西班牙殖民政府陸續開放群島中的其他主要港口，如位於蜂牙絲藍省（Pangasinan）

3 例如，下引文章為德國漢堡海港檢疫體系的介紹。A. C. Smith, "GERMANY. Maritime quarantine at Hamburg", *Public Health Reports*, 15（27）（July 1900）, pp. 1726-1732.

的蘇阿爾（Sual，一八五五）、班乃島（Panay）的怡朗（Iloilo，一八五五）、棉蘭老島（Mindanao）的三寶顏（Zamboanga，一八五五）和宿霧島的宿霧（Cebu，一八六○）。[4]

（一）貿易地理之總體觀察

群島內的不同地區，透過各自建立的航線，也發展出各自的貿易對象地區。根據一八六○年的記載，當時的菲律賓群島大致上可區分爲北、中、南三個區域。北部區域由三個省分組成，主要輸出蔗糖至英國和歐洲其他各國。南部班乃島和宿霧島地區將糖輸至澳洲，其他農產品如馬尼拉麻（hemp）、牛皮（buffalo hides）、牛角（horns）、龜殼（tortoiseshell）、蜂蠟（wax）和檀木（sandal wood）則輸出至歐美。[5]中部地區以馬尼拉爲首要輸出港口，雖有多條航線通行東亞和東南亞諸國，也有航線連結美洲，但對於貿易的活絡仍有所限制。最遲至廿世紀的前十年，馬尼拉與太平洋沿岸港口間的航行時間如下：太平洋西側各港的航行所需日數爲香港二日、上海和星洲五日、可倫坡十一日、雪梨十三日。若需航行至太平洋東側港口，即聖地牙哥、舊金山、波特蘭、溫哥華、塔科馬和西雅圖，途中皆停靠日本主要港口，共需三十日航程。其後，因美屬菲律賓政廳進行的港灣改善工程和燃料取得問題的解決，逐漸興起菲律賓和美國間的直航路線，如舊金山—馬尼拉和西雅圖—馬尼拉兩條路線。[6]換句話說，與區域內眾多港口相比，馬尼拉至香港仍屬距離頗近之兩地。

按現存的海關報告來看，一九〇八年的紀錄最爲詳實，擬依其記載說明之。根據海關稅務司（the Insular Collector of Customs）的報告，菲島最大宗的蔬菜進口國當屬中國和日本。以一九〇八年爲例，自中國輸入二九、二七二蒲式耳（bushel）的豆類（beans & peas）、一九、一三四蒲式耳的馬鈴薯和一、七一二、六七二磅重的其他蔬菜。自日本輸入八〇、七五二蒲式耳的洋蔥及二〇〇、二〇七蒲式耳的馬鈴薯和六三五、九八七磅重的其他蔬菜。[7]另外，自中國進口的農產尚有肉牛、役牛、蛋、人造奶油（imitation butter）、中式火腿（Chinese hams）等。

---

4 Frederick L. Wernstedt, "Cebu: Focus of Philippine Interisland Trade," *Economic Geography* 32: 4（October 1956）, pp.336-337.

5 Philippines, *Journal of the Society of Arts* Dec.28 1860, pp.91-92.

6 Hamilton Mercer Wright, Physiography, "*A handbook of the Philippines*" Chicago: McClurg, 1909, pp.1-14.

7 Colton, Geo. R., "Imports-vegetables", Report of the Insular Collector of Customs, Report of the Philippine Commission, 1908（1909）, p.665.

截至一九〇〇年代末期，馬尼拉當地蔬菜未能自給自足前，亟需仰賴由中國輸入的蔬菜予以供應。一九〇三年菲島之內務部長明確指出，當時馬尼拉一地所消費的蔬菜泰半來自於中國。[8]待菲律賓當地蔬菜生產基地漸上軌道後，始減少對中國等地的蔬菜依賴。例如，首府馬尼拉和夏都（summer capital）碧瑤（Baguio）的蔬菜消費需求，分別由馬尼拉近郊之Singalong 試驗場，和呂宋北部山地由 Baguio 試驗場改制的 Trinidad Garden 予以滿足。[9]

群島內各港發展至廿世紀初，貿易呑吐量的前三名依序是馬尼拉、怡朗和宿霧。下列以菲律賓群島南方之班乃島（Panay）的主要港口：怡朗（Iloilo）爲例，說明群島的港埠與中國的香港關係建立的過程。

（二）怡朗港的港勢與主要蔗糖輸出港

據傳一五二一年麥哲倫航海至菲律賓時，便發現當地種植甘蔗，但最早菲律賓糖的輸出紀錄則晚至一七九五年。一八六〇年代，英國和美國的貿易商（merchant-bankers）進入黑人島投資糖業，並透過班乃島的怡朗港輸出，才開啓菲律賓群島糖業發展的扉頁。當時，菲律賓糖的輸出以美國、英國和中國爲最大宗，做爲殖民母國的西

1898年的怡朗港景觀。

Source: View of the city of Iloilo of Iolilo（*San Francisco Call*, 84（125）, 3 October 1898）.

班乃島（Panay）和黑人島（Negros）的相對位置。

Source: extracted from *Carta hydrographica y chorographica de las Yslas Filipinas*,1734.

8 The Secretary of the Interior, Experiment station at Manila, Report of the Philippine Commission, 1903, part 2: pp.50-51. 1904, p.50.

9 葉爾建，（二〇一六）〈試驗場與熱帶殖民地：一九〇〇年代美屬菲律賓的農業歷史地理〉，《地理研究》，頁七二一。

班牙對於菲律賓糖的需求反而占極小部分[10]。十九世紀末怡朗港的興盛與蔗糖的輸出密切相關，區域經濟的專業化也導致食米等生活所需品的輸入成爲必要。主要來自法屬印度支那的食米，因而是怡朗港的主要輸入農產品。[11]

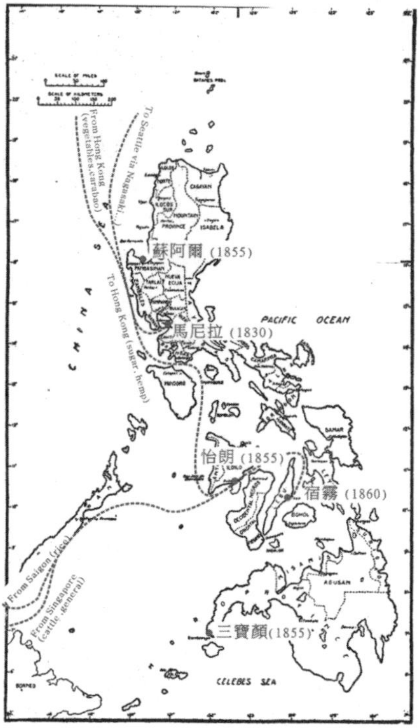

一九〇〇年代怡朗為節點之貿易路線。

一九〇〇年代前後，怡朗是菲律賓群島中僅次於馬尼拉的第二大重要口岸，也爲西米賽亞地區（western Visayas）主要港口。怡朗距黑人島西岸約四十五公里，離該島東岸則有一百至一百五十公里之遠。人口數量介於一萬至一萬兩千人之間。然而，製糖原料的甘蔗取得源頭並非來自怡朗本地，而是鄰近的黑人島（Island of Negros）。怡朗港所在的班乃島雖然種植甘蔗，但產量遠不及僅一海峽相隔的黑人島。相對而言，黑人島因缺乏良港，多將蔗糖以平底船lorcha運至前述島嶼，再由海輪輸往海外市場。換句話說，怡朗港與黑人島產生互利共生的關係，而此關係的建立應上溯自十九世紀的六〇年代開始。

怡朗港的外邦貿易對象主要是中國，航行至此港的外國船隻大半來自香港，少部分由新加坡和西貢（Saigon）出發。由香港啓程的船隻多爲直航，但偶爾會繞道並中途停點馬尼拉。往返香港和怡朗的航船其載運貨物爲蔗糖和馬尼拉麻。西貢航來船隻以稻米爲主要貨物，新加坡駛至的船隻則販運牛隻和雜貨。相類似地，宿霧港的外國來船隻也以香港爲主，其島際航運的腹地則涵蓋黑人島、禮智（Leyte）和三描（Samar）[12]。

（三）黑人島的自然條件與甘蔗生產

黑人島以火山爲主要地形，其影響大致有兩方面：其一，火山地質做爲母岩孕育而

---

10 Alden Cutshall, "Trends of Philippine Sugar Production," *Economic Geography* 14: 2（April 1938）, pp. 154-155.

11 Colton, Geo. R., "Ports of entry- Iloilo", Report of the Insular Collector of Customs, Report of the Philippine Commission, 1908（1909）, pp.681-682.

12 J. C. Perry, "Report of inspection of ports of entry with reference to quarantine service", *Public Health Reports* 15（32）（1900）, pp.2021-2022.

成的肥沃土壤，使黑人島成爲菲律賓群島內與呂宋島中央平原（Central Plain of Luzon）齊名的甘蔗產區；其二，形成於火山島上的放射狀水系，其河川大多短小水淺，可勉強行駛lorcha平底船，但無法通航大型輪船。

黑色的火山土，在土壤特性上許多方面類似美國中西部的黑土；底土鬆軟、孔隙率大，排水容易。對屬於旱作的甘蔗生長條件而言，可謂相當適合。[13]然而，黑人島上實際栽種甘蔗的區域卻十分侷限在諸多流域河岸平原的狹長地帶。一般而言，黑人島上河流上溯十餘公里處間的沿河，約莫一公里帶狀地區爲砂質土壤（或爲自然堤levee）較易種植甘蔗，若再遠離河岸繼續向內陸前進，則將遇到沼澤，因此水稻田景觀則較爲常見。就對外運輸的交通條件而言，海運不甚發達，河運也多所限制。由於火山地形的影響，發源自黑人島的河流大多獨流入海、不易連結匯集成較複雜水系，而以放射狀型態出現。又沿海地帶分布有沼澤、紅樹林，而以沙岸面貌爲主。吃水較深的海輪無法尋覓到停泊處，黑人島沿岸因此難以發展爲直接從事國際貿易的天然良港。另外，雖然黑人島亦有大型河川，但蜿蜒於山地並未流經主要甘蔗產區。僅Bago、Binalbagan和Ilog三條河川可通航lorcha平底船，無河運之便的內陸地區尙須利用牛車先將甘蔗運至lorcha碇泊處，徒增運費。據估計，當時若要將Bago河流域內陸地區的糖產經怡朗港輸出至紐約，光是牛車里程的運費加上lorcha接駁至怡朗港的費用，即已占全體運費的四分之三。[14]

三、海港檢疫制度和作物育種試驗的歷史個案

由於一八三〇至一八六〇年間的開港效應，以及一八六〇年代左右貿易商銀行進入菲島投資蔗糖產業，菲律賓和南中國的貿易量與日俱增，連帶地使港口農產品檢疫問題受到重視。另一方面，菲律賓柑橘產業的近代化也和中國有關，其目的在增加自給率並減少對於外國（包含中國）柑橘的需求。

（一）海港檢疫制度

港口的開放不僅使得港市繁榮，儼然成爲通都大邑；貨物吞吐也帶進疫情和病

13 "La Carlota Sugar Farm", *The Philippine Agricultural Review* 2（1）（January 1909）, p.46.

14 Herbert S. Walker, *The Sugar Industry in the Island of Negros*（Manila: Bureau of Printing）, p.28.

害，並接著數年促使數個制度應運而生，影響最深者莫過於海港檢疫制度的導入。菲律賓政廳先後在馬尼拉、怡朗和宿霧設置「海港檢疫所」（Quarantine Station或Marine Quarantine Station）。

一九〇〇年一月，美國在菲律賓政廳（American Administration in the Philippines）採用甫於一八九三年二月十五日美國國會通過的法令"*An act granting additional quarantine powers and imposing additional duties upon the Marine-Hospital Service*"，賦予美國海事醫院部（United States Marine-Hospital Service）更大的權力，即擔負檢疫的職責以遏止傳染病的引入。隸屬於海事醫院部的「醫官」（medical officer）被任命作「檢疫官」（quarantine officer）並派駐在菲律賓群島馬尼拉、怡朗等重要口岸和其他必要設置的港埠。自此，舉凡進出港口之船隻上的貨物、乘客、船員之衛生狀態均在受檢之列，檢疫對象也包含陸軍的運輸船和海軍艦艇。指派爲馬尼拉港的檢疫官，同時亦被任命爲「菲律賓檢疫長（chief quarantine officer for the Philippine Island）」按規定，檢疫長應在每月的最末一天編纂工作報告，並上呈陳給海事醫院部醫官總長。[15]公共衛生報告（Public Health Report）即是上述工作報告的集結。另外，值得一提的是：在尚未設置檢疫所的地區，海軍和陸軍會支援醫官擔任檢疫官執行工作。例如，怡樂（Jolo）和三寶顏由陸軍支援，甲美地（Cavite）則由海軍負責。[16]

通常，兩地直航貿易也意味著增加各種疫病傳播的可能性。如航行至馬尼拉、怡朗等港的外國船隻大半來自香港，一旦香港發生疫情，菲島所屬的海港防疫工作亦首當其衝、倍感壓力。以下列發生於一九〇五年夏季的霍亂流行情形個案來看，除反映出菲島曾經相當倚賴中國輸入的蔬菜，也揭示貿易活動可能帶來的疫病疑慮。一九〇五年八月馬尼拉地區繼前一波霍亂疫情（已於四月中結束），再度傳出噩耗，菲律賓殖民政府當時的反應說明了其對中國輸入物產可能帶來傳染病疫情的長久疑慮。由於同時間的香港也被報導爆發疫情，菲律賓政府在第一時間高度懷疑兩地的霍亂傳播關聯性。然而，在主管機關的詳細調查後，排除境外移入的可能性，初步認爲應是菲島境內霍亂的餘孽。總理業務之公共衛生長官（the Commissioner of Public Health）所持理由有二：其一，自一九〇五年的二月起，已明令禁止部分中國新鮮蔬菜輸入菲律賓群島；其二，其餘蔬

15 William McKinley and Elihu Root, "Placing Quarantine in the Philippines under the Marine-Hospital Service", *Public Health Reports* 15（2）（January 1900）, pp.55-56.

16 Assistance from the Army and Navy, "Report of the Secretary of the Interior" *Report of Governor-General of the Philippine Islands 1905*, p.14.

菜如馬鈴薯、洋蔥和大蒜雖可自中國進口，但自一九〇五年的六月起也未曾見到實際進口的紀錄。[17]

一九一一年後，檢疫單位更將蔬菜輸入限令的範圍擴大。施行於菲律賓之檢疫規則（quarantine regulation），其最初和主要防治對象就是來自中國和日本的蔬菜。一九一一年檢疫標準程序（Procedure in foreign ports prior to sailing for the Philippines）中的第四條，便清楚明列高麗菜、芹菜、蘿蔔、萵苣等多種蔬菜無法進入菲島：

> 來自中國和日本的高麗菜、芹菜、蘿蔔、生菜，和其他生食的矮生蔬菜禁止運往菲律賓群島。[18]

實際上，與外國貿易和島際貿易興盛相關的檢疫制度，尚包括牲畜檢疫制度（live-stock quarantine）。根據畜產部（Division of Animal Industry）的業務報告，菲律賓政廳花了兩年多的時間討論動物相關之傳染病控制議題，the Philippine Commission並在一九〇七年十月十二日通過第一七六〇號法案（Act No. 1760）：「檢疫法」（Quarantine Law），設置檢疫站（Live-stock depot）開始進行獸類檢疫工作，初期檢疫對象爲牛隻。此獨立運作並由菲律賓農務局主導的檢疫體系，作者將另文討論。

（二）作物育種試驗和病蟲害防治

總體來看，中國是菲律賓蔗糖輸出的主要目的地，中國的柑橘和花生等農產品則大量銷往菲律賓。目前，並不清楚廿世紀開始菲律賓柑橘消費量的大增究竟是何種因素，但可確定的是菲律賓的柑橘供應並未能自給，少部分由境內生產、大部分自境外輸入。大量柑橘自中國、佛羅里達和加州等地輸入至菲島。[19]

殖民地的農業技術人員先後透過作物育種試驗、病蟲害防治和精進果物生產保存等方式，以期在群島內適當地方發展柑橘栽植產業。菲律賓的現代式柑橘栽種經營起步相當晚近，因而首篇與菲律賓柑橘種植產業有關的系統性報導文章，也遲至Mariano M. Cruz撰寫於一九〇九年的〈描東牙示省的柑橘栽培〉（*Orange Cultivation in Batangas*

---

17 Cholera, “Report of the Commissioner of Public Health, September 1, 1904, August 31, 1905 ” *Report of Governor-General of the Philippine Islands* 1905, pp.63-64.

18 Philippine Islands, “Information regarding Quarantine Procedures,” *Public Health Reports* 27（1）（January 1912）, pp. 18-23.

19 Editorial, “Orange cultivation in Batangas “, *The Philippine Agricultural Review* 2（6）（June 1909）,pp. 306-307.

Province）[20]。大約自一九一一年開始，菲律賓農務局便致力於作物品種的引介，延攬如P. J. Wester等園藝技師（Horticulturist）接掌熱帶作物試驗場。[21] Wester原任職於美國農業部，專長在熱帶果樹的培育。對於菲律賓傳統的柑橘栽種重鎮，Wester心中有所擘畫。主要育種重點在利用接枝（grafting）技術，以溫帶柑橘如臍橙爲接穗，以菲律賓當地的柑類（mandarin）、酸橙（sour orange）爲砧木。[22] 描東牙示省的Tanauan鄰近地區爲傳統栽種地域，其後柑橘類作物大量栽種的繁榮景象，雖與殖民政府農業機關的推動有關，交通設施的改善也多所貢獻。Tanauan地區柑橘的輸出原以馬匹做爲馱獸，效率有限，鐵路興築後之交通情形已今非昔比。[23]

爲因應柑橘類樹木的大量種植而衍生的病害和蟲害，農業單位也開始研發病蟲害防治方法。例如，任職於一九一〇年代中期的農業監視員（Agricultural Inspector）E. D.

柑橘類的果實與花。PHOTOED BY Ellen Levy Finch（Elf）.

Doryland曾連續發表Singalong Experiment Station和Lamao Experiment Station兩個農事試驗場有關柑橘潰瘍病（citrus canker）的防治方法和成效。前者的試驗時間於一九一五年，以噴灑甲醛液（福馬林）控制柑橘潰瘍病；後者則自一九一六年一月底開始，並嘗試混合甲醛和波爾多液提高防治效果。[24]

為精進柑橘果物的生產和保存方式，農務局進一步於一九二〇年在柑橘重要產區即Tanauan設置柑橘試驗場（Tanauan Citrus Experiment Station）。在田間管理方面，試驗場一九二三年至一九二七年間曾針對柑樹（Mandarin trees）進行適用肥料種類的試驗，包含有機植物肥料、無機化學肥料和兩者混用等等。[25]在柑仔（Mandarin Orange）採收

20 描東牙示省，今名「八打雁省」。

21 P. J. Wester, "New or noteworthy tropical fruits in the Philippines', *The Philippine Agricultural Review* 10（1）（January 1917）, p.8.

22 Current Notes, "Fruit Expert for the Bureau of Agriculture ', *The Philippine Agricultural Review* 4（5）（May 1911）, pp.267-268.

23 Current Notes, "Orange Growing in Batangas', *The Philippine Agricultural Review* 4（2）（February 1911）, pp.94-95.

24 E. D. Doryland, "Effects of Formalin-Bordeaux mixture on citrus canker ', *The Philippine Agricultural Review* 10（1）（January 1917）, pp.52-54.

25 Jose de Leon, "Cover Crop, Fertilizer, and Top-Working Experiments with Mandarin Trees at the Tanauan Citrus Experiment Station from 1923 to 1927", *The Philippine Agricultural Review* 21（2）（April 1928）, pp.173-182.

後的保存方面，則嘗試將果物儲存在地下室中以其延長於市場販賣的期限，結果顯示大約五週的時間爲其侷限。[26]

另外，爲獲取柑橘栽種的各項相關資訊，「國際農業時事（*Notes from Other Fields*）」會不定期轉載或摘錄外國或他地相關領域的最新發展和趨勢。例如，一九一一年三月出刊的《菲律賓農事報》即曾節錄有關中美洲之波多黎各（Porto Rico）研發中的柑橘類樹木照顧技術。此節錄文章的原資料來自《波多黎各園藝新聞》（the Porto Rico Horticultural News for October）（Vol.3 No.10），文中指出修剪枝條（pruning）雖常被農夫忽視，但實際上卻是栽種柑橘作物時不可或缺的一個重要環節。[27]

四、小結：農產品貿易的科學文化意義

菲島發展插蔗、植果等熱帶栽培業的結果，使得區域經濟逐漸專業化，連帶地須自外地輸入米糧、蔬菜、肉（役）牛等以達到物產之互補。基於比較利益，世界各地持續進行經濟產物上的互通有無。然而，此種貿易活動往往進一步誘發科學的交流，而別具

文化意義。爲防堵因人類、動物和植物移動所導致之傳染病的肆虐，十九世紀末至廿世紀初美國及其領地的海港檢疫所於重要出入港口相繼設置，不但替衛生把關也使疫病防治措施更加趨同或具一致性。雖然，透過與中國的農產品互通有無，使得菲律賓群島地區之民生需用嘉惠不少，但同時也造成如牛瘟、霍亂等人畜傳染病的趁虛而入。文中有關菲律賓之一九〇〇年代初期的海港檢疫制度興起便說明此現象。

---

26 Jose de Leon, "Progress Report on the Storage and Curing of Mandarin Oranges at the Tanauan Citrus Experiment Station", *The Philippine Agricultural Review* 21（2）（April 1928）,pp.161-172.

27 Notes from Other Fields, "Orange Trees Culture", *The Philippine Agricultural Review* 4（3）（March 1911）, pp.159-160.

清代蒙古鹿茸貿易初探

王士銘
國立清華大學歷史研究所博士

一、前言

中國民間流傳「鹿身百寶」之說，即鹿心、鹿血、鹿便、鹿皮、鹿肉、鹿骨及鹿茸皆可入藥，尤以鹿茸最爲珍貴。[1] 鹿茸是雄鹿未骨化且帶有茸毛的角。《綏遠通志稿》記載：「角初生，長二、三寸，分歧如鞍，其茸如瑪瑙色，一付售四、五、六十金不等。」[2] 古代中國野生鹿群很多，但因人類長期砍伐森林及開墾土地，又有食用、入藥

1 李時珍，《本草綱目》（臺北：國立中國醫藥研究所，一九九四），卷五一，獸之二，頁一五五八—一五五九。

2 綏遠通志稿館編，《綏遠通志稿》（呼和浩特：內蒙古人民出版社，二〇〇七），第三冊，卷二六，〈野產〉，頁五一七。

及製革需求，野生鹿群遭人類捕捉幾近絕跡，只賴人類飼養鹿群，採收相關素材。如清代宮廷或因圍獵、祭祀及製藥需求，在南苑豢養麋鹿。[3]乾隆五十四年（一七八九）四月十一日上諭：現在長角之鹿短缺，著吉林將軍都爾嘉採辦三、四隻鹿羔，派人送入京城。[4]即便如此，時人認爲人工飼養鹿茸的品質仍不及野生爲佳。[5]除宮廷用度外，民間對鹿茸需求很高，只能向外地找尋。

清代東北及蒙古地方動、植物多元豐富，人類足跡少，生態環境保存佳，即是獵捕野生鹿群最佳場域。趙珍提及，清代塞外圍場，如奉天與吉林地區，擁有豐富的野生動物資源，康熙至乾隆年間清軍操練之故時常在圍場內獵捕各色鳥獸；嘉道以降，以上地區人口逐漸增加，常有人非法潛入圍場開墾及獵捕，清朝不得不停止圍場，應付經濟與財政需求。[6]謝健（Jonathan Schlesinger）說道，一七六〇至一八三〇年之間滿洲及蒙古地區出現商業擴張及自然資源開發熱潮，如珍珠、人參、蘑菇及毛皮，徹底改變中國內地與邊疆的生態環境。清朝非常關心自然資源開發對邊疆居民政治、經濟及社會生活的影響，致力於創造一個保護場域，盡可能降低相關傷害。[7]

蒙古鹿茸源自西伯利亞馬鹿（Cervus elaphus sibiricus），活躍於大興安嶺、薩彥嶺、黑龍江、貝加爾湖及阿爾泰山森林草原。《夢溪筆談》記載：「北方戎狄中有麋麖、駝麈極大而色蒼，尻黃而無斑，亦鹿之類，角大而有文，瑩瑩如玉，其茸亦可用。」[8]《黑龍江述略》記載：黑龍江馬鹿的茸角，佳者每隻可得茸三十餘兩，劣亦七八兩不等，力薄性燥，不如奉天梅花鹿的茸角滋益於人。奉天鹿茸銷路暢旺，煎膠成塊，利至倍蓰，多是山西人販運，九月收市而回，茸價自七、八金至三十金，視茸多寡爲率，角以斤計值，視同尋常藥品。[9]《北平市工商業概況》記載：北平藥材市場採購

---

3 林仲凡，〈有關鹿及養鹿業的歷史考證〉，《中國農史》，四期（南京，一九八六），頁七三。麋即梅花鹿，出吉林，鹿茸亦然。參見西清撰，趙瑞標點，《黑龍江外記》，收錄於于逢春、厲聲主編《中國邊疆研究文庫．初編．東北邊疆卷十》（哈爾濱：黑龍江教育出版社，二〇一四），頁二五七。

4 中國第一歷史檔案館編，《乾隆朝滿文寄信檔譯編》（長沙：岳麓書社，二〇一一），第十八冊，頁五〇二。

5 池澤匯等編纂，《北平市工商業概況（一九三二）》，收錄於《民國史料叢刊．經濟．工業》（鄭州：大象出版社，二〇〇九），第五七一冊，頁三九〇（四〇五）。

6 趙珍，〈清代塞外圍場格局與動物資源盛衰〉，《中國歷史地理論叢》，一期（西安，二〇〇九年一月），頁十三—二一。

7 謝健著，關康譯，《帝國之裘》（北京：北京大學出版社，二〇一九）。

8 沈括著，胡道靜校證，《夢溪筆談校證》（上海：上海古籍出版社，一九八七），下冊，卷二六，四八七條，頁八三七—八三八。

9 徐宗亮撰，桑秋杰標點，《黑龍江述略》，收錄於于逢春、厲聲主編《中國邊疆研究文庫．初編．東北邊疆卷三》（哈爾濱：黑龍江教育出版社，二〇一四），頁二三〇。「齊齊哈爾諸城皆馬鹿，知味者所不取。謂不如梅鹿，盤大漿濃，為食家珍品。」參見西清撰，趙瑞標點，《黑龍江外記》，收錄於于逢春、厲聲主編《中國邊疆研究文庫．初編．東北邊疆卷十》，

的鹿茸來自營口及張家口。鹿茸分成黃毛與青毛兩種：東北黃毛鹿茸最佳，每架值三、四千元，若以兩計，每兩二百元。蒙古青毛鹿茸力較大、價稍昂，長度自五、六寸至七、八寸，內容形似絲瓜瓤，切片現紅色者最上，茄色次之。角長逾尺至三杈四杈者、外表堅硬如骨、內容枯槁、衹宜作熬膠之用。[10]蓋言之，蒙古鹿茸藥用價值雖不如東北鹿茸，但勝在經濟實惠，足以應付內地市場需求。

中央研究院近代史研究所檔案館藏《總理各國事務衙門檔案》及蒙藏文化中心藏《蒙古國國家檔案局檔案》記載，清朝為防範違禁品即規定內地商民與蒙古人交易，須詳列商品交易清單報備庫倫商民事務衙門或恰克圖章京衙門；而且內地商民非經地方官府及部落領主允許，不得進入蒙古山林採捕野生動、植物，唯蒙古人因應生計不在此限。如光緒三十一年十二月，庫倫商鋪—興盛魁載運茶煙布疋雜貨赴蒙古部落，換購牲畜、皮張、鹿茸、黃芪及蘑菇，銷往張家口出售。[11]內地商民與俄國商人貿易亦如是。如光緒三十一年二月恰克圖商鋪—中興和買過俄國鹿茸四十五付；其中，一付自用，四十四付由庫倫轉運至張家口出售。[12]簡言之，庫倫及恰克圖的地方衙門將鹿茸交易（買賣關係、收購價格及產地來源）另行造冊，揭示清朝對邊疆地區自然資源有一定程度的瞭解。除此之外，十九世紀晚期俄國探險家陸續前往蒙古考察，如波茲德涅耶夫

《蒙古及蒙古人》及波塔寧《蒙古紀行》，詳實記載蒙古風俗及物產訊息。本文利用以上史料及相關文獻，初步探查內地商民收購蒙古鹿茸來源及其銷路，是為瞭解清代邊疆地區動物製品貿易情形。

二、蒙古經貿發展概況

蒙古地方遼闊，風土殊異，以戈壁為界，農業、牧業及商業比較興盛的城鎮是：內蒙古，歸化、多倫諾爾及呼倫貝爾；外蒙古，科布多、烏里雅蘇臺、庫倫及恰克圖。[13]

頁二五七。

10 池澤匯等編纂，《北平市工商業概況（一九三二）》，第五七一冊，頁三九〇（四〇五）、三九五（四一〇）。

11 蒙藏文化中心藏《蒙古國家檔案局檔案》，編號〇八六一—〇〇二，頁〇〇〇三—〇〇〇六。黃芪出恰克圖、庫倫；鹿茸出恰克圖及草地。中國社會科學院中國邊疆史地研究中心編，《清末蒙古史地資料薈萃．游蒙日記》（北京：全國圖書館文獻縮微複製中心，一九九〇），頁六〇九—六一〇。伊羅河—伊勒伯克四面皆山，樹木茂盛，野草繁蕪，野出菜蔬頗多，兼產黃芪，位於庫倫東北約四百餘里，道途平坦可通車馬。江祖純，〈調查庫倫礦務報告（續）〉，《農商公報》，九卷三期（北京，一九二二），頁八五。

12 蒙藏文化中心藏《蒙古國家檔案局檔案》，編號〇八六一—〇一一，頁〇〇三一—〇〇三三。

13 祁美琴、王丹林，〈清代蒙古地區的「買賣城」及其商業特點研究〉，《民族研究》，二期（北京，二〇〇八），頁見圖一。康熙二十七年（一六八八）準噶爾侵擾蒙古，活佛哲布尊丹巴一世（一六三五—一七二三）率喀爾喀（外蒙古）各部內附清朝。因是清朝與蒙古在農業、牧業及商業往來日益密切，如不少山西及直隸的漢人因清準戰爭而前往內、外蒙古貿易和種地，補充軍需物資，調劑蒙古生計。而且蒙漢風俗殊異，清朝鑑於以上移居者逐年增加，即按封禁與隔離政策管理之，以降低蒙漢衝突：內蒙古，乾隆八年（一七四三）清朝令山西、陝西及邊外蒙古地方衙門將居留部落之內地民人登記造冊，編派總甲排頭，住在指定區域。[14] 外蒙古，乾隆二十九年（一七六四）清朝令赴土謝圖汗部各旗貿易及種地的民人須向庫倫商民衙門登記領票，

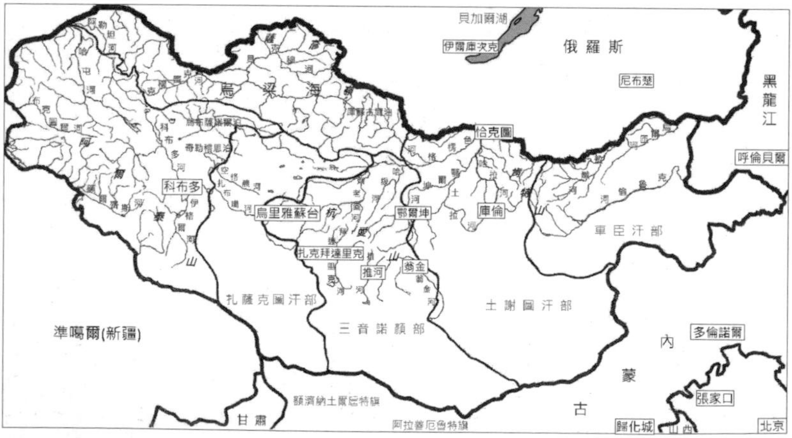

圖一　清代蒙古城鎮示意圖。（作者重繪自：譚其驤編，《中國歷史地圖集》（北京：中國地圖出版社，一九八七），第八冊，頁五五一五六。

居留期間不得騷擾蒙古游牧；[15]而且非經地方官府及部落領主允許不得進入蒙古山林砍伐木料、盜採金石及獵捕牲畜。[16]

庫倫與恰克圖是清朝與俄國貿易重要城鎮。康熙二十八年（一六八九）清朝與俄國簽訂簽訂〈尼布楚條約〉，而後俄國使節及國家商隊常赴恰克圖及庫倫，經張家口至北京，再原路返回。康熙五十九年（一七二〇）清朝准予庫倫互市，派理藩院司員管理市圈（買賣城）。雍正五年（一七二七）清朝與俄國簽訂〈恰克圖條約〉，恰克圖互市，派遣理藩院司員管理恰克圖市圈，而後俄國國家商隊改在恰克圖貿易。乾隆二十七年（一七六二）清朝設置庫倫滿洲及蒙古辦事大臣，管理外交與邊境事務；以上二司員奏事，須呈報理藩院及庫倫辦事大臣。[17]山西或直隸的民人在多倫諾爾、張家口或歸化城請領理藩院部票前往庫倫或喀爾喀各旗，售予蒙古人糧食、磚茶、菸草、布匹及日用雜

六三—七四。

14 崑岡等奉敕著，《大清會典事例》（北京：中華書局，一九九一），第二冊，卷一五八，頁一〇〇〇。

15 蒙藏文化中心藏《蒙古國家檔案局檔案》，編號〇七九—〇三四，頁〇一六二—〇一六七。

16 中國第一歷史檔案館藏《軍機處全宗》，乾隆二十六年十月初五日，檔號〇三—〇一七九—〇一七。

17 李毓澍，《外蒙政教制度考》（臺北：中央研究院近代史研究所，一九六二），頁一三四—一四六、一四九—一六九。

貨，購得牲畜、皮毛及木材；或前往恰克圖售予俄國商人瓷器、茶葉、絹布和大黃，購得西伯利亞各色牲畜皮張及呢絨。

庫倫與恰克圖地方因商業繁盛與人口匯聚而出現醫療需求及藥材交易。如哲布尊丹巴的呼勒（蒙語：寺院）附設醫院，喇嘛開立處方及誦經祝禱治療病患；[18]民人墾殖區域，如土謝圖汗部右翼左旗鶯格地方有大夫駐診。[19]凡蒙古或西伯利亞出產可入藥的野生動、植物，如扎克木、蘑菇、金蓮花、雪蓮花、冰雀、羚羊角及鹿茸及麝香均在交易之列。[20]一八九二年俄國探險家波茲德涅耶夫提及：「巴圖爾札薩克旗（土謝圖汗部右翼左末旗）、策札薩克旗（土謝圖汗部中左翼末旗）到處生長著甘草根，來這些地方採掘的多半是漢人。有從張家口來的，也有從庫倫來的。他們和旗裡講好條件，出五至八箱茶葉（三二．七五至五二．四兩）取得採甘草的權利。採甘草的地點不是固定的，漢人在限定時間（四月底至九月中旬）內可以走遍全旗採甘草。……張家口商人採得甘草之後，趕上二十輛到四十輛牛車回內地；庫倫商人則先載回買賣城，稍後再運到內地。」[21]內地商民與蒙古人形成長期交易關係，即按野生動、植物生長季節，或在各旗部落、庫倫市圈及恰克圖市圈買賣藥材，一部分留用本地，其餘銷往內地。

三、內地商民取得鹿茸來源

清朝允許內地商民前往蒙古部落貿易，但人數有所限制。因此多數蒙古人仍會攜帶牲畜、皮張或其他土產，至各地市圈，如庫倫與恰克圖，售予內地商民，換購日用物資。庫倫市圈方面，蒙古國國家檔案局收錄兩張內地商民與蒙古人交易鹿茸清單，即附錄一「市圈買過鹿茸民人」及附錄二「市圈買鹿茸鋪民」。這兩張交易清單記錄買方、賣方、交易日期、交易價錢及產地來源；而且這些鹿茸來自獵捕，唯有參贊貝子旗人喇嘛納旺是從外路買來的。[22]附錄一記載年分是道光七年；附錄二未記載年分，按內容判斷紀錄時間應與附錄一相當。

18 札奇斯欽，《蒙古文化與社會》（臺北：臺灣商務印書館，一九八七），頁九七。

19 蒙藏文化中心藏《蒙古國家檔案局檔案》，編號〇二一—〇〇四，頁〇〇三五—〇〇五六。

20 扎克木，產婦以水飲之易生。金蓮花，性涼醫病。雪蓮花，性熱醫病。冰雀，性熱醫病。參見佚名，《烏里雅蘇臺志略》（臺北：學生書局，一九六七），頁七〇—七二。

21 （俄）波茲德涅耶夫著，劉漢民等譯，《蒙古及蒙古人》，第一卷，頁六二一。

22 外路是指在外從事推銷和採購的人員。參見陳美健，〈清末民中的河北皮毛集散市場〉，《中國社會經濟史研究》，三期（北京，一九九六），頁六二一。

內地商民與蒙古人在每年四月至六月交易鹿茸。買方與賣方名稱多有重複，顯示雙方有長期交易關係。買方是庫倫市圈商鋪，分別是天春永、林盛元、萬常榮、永茂盛、萬盛明、三盛德、興隆永、和合成、義成永及豐玉成。其中，以天春永與林盛元交易次數最多。賣方分別來自欽差王爺旗（土謝圖汗部右翼左旗）、哲布尊丹巴沙畢納爾、扎薩克策林多爾吉旗（車臣汗部左翼中旗）、參贊貝子旗（土謝圖汗部中旗）、貝子朋楚克多爾吉旗（車臣汗部中左旗）、扎薩克干丕爾多爾吉旗、扎薩克那木扎勒旗、公索木丹巴達爾旗。其中，多數

圖二　蒙古獵人射擊樣貌。
資料來源：Douglas Carruthers, *Unknown Mongolia : a record of travel and exploration in north-west Mongolia and Dzungaria*(London : Hutchinson & co., 1914), p. 228.

人來自欽差王爺旗、哲布尊丹巴沙畢納爾及扎薩克策林多爾吉旗，其身分有台吉（蒙古貴族稱號）及喇嘛或沙畢（未出家的徒眾）。[23]

蒙古人崇信藏傳佛教，尊重萬物有靈，獵捕野生動物至多滿足日用需求；但因內地消費市場對鹿茸需求日漸增加，致使蒙古各階層涉入其中，甚至出現專業獵捕者。如波茲德涅耶夫曾在多倫谷地遇見一名蒙古獵人，帶著一支短筒火槍，見到獵物之後，將槍放在活動支架上射擊，如圖二。這名獵人說：他是明貝子旗（土謝圖汗部中旗）的屬民，以打獵爲生，秋天打的是土撥鼠、鹿、羚羊、黃羊、獐或狍之類的動物；冬天除這些獵物外還可打狼；這些動物的皮毛可以賣到恰克圖或張家口。[24]

一般來說，獵人用叉、矛、小銃或陷阱捕捉野生馬鹿。俄國探險家帕爾申在一八三五至一八四二年旅行貝加爾湖區時說道：「雅庫特省以及在整個西伯利亞北部捕鹿的辦法很巧妙的。那裡的獵人常常是躲在河的附近等待鹿群，待牠們被趕進河裡以

23 沙畢，即侍奉召寺喇嘛之義務勞動者。胡日查，〈清代蒙古寺院勞動者─沙畢納爾的生產生活狀況〉，《內蒙古師範大學學報（哲學社會科學版）》，四期（呼和浩特，二〇〇七），頁十。

24 〔俄〕波茲德涅耶夫著，劉漢民等譯，《蒙古及蒙古人》，第一卷，頁一六四。

後，獵人就游過去用魚叉、獵矛來刺，往往能刺中好幾頭。」[25]《西伯利亞大地志》記載：「烏蘇里地方以鹿獵爲最，……鹿視聽兩官，均極敏捷，獵夫在五百步以內，則覺而遠遁，非老於獵者不能。若嚴寒積雪之時甚易，一則身體肥大，積雪之上，不能馳逸。二則四趾爲冰雪所傷，護痛益切，獵夫就近銃殺之。頗易爲力。」[26]以上二則記述或可理解蒙古獵人捕捉野生馬鹿的方法。[27]清朝以山川劃分蒙古各旗王公領地，牧民離開領地必須取得本旗王公允可，[28]目的是避免各旗牧民越界游牧引起紛爭，而且防止部落聯合反清。野生馬鹿棲地本無分界，一旦遭遇獵人捕捉，不免驚嚇遠遁。從附錄一與附錄二可知，獵人多有越界前往水草豐美之地，如巴彥高爾（巴彥羔爾）、以素岱、伊特木、阿克喬東黑洛爾哈克察、汗見大垻哈雅及甲勒克拉圖等地方捕捉野生馬鹿；而且清朝對蒙古人越界捕捉野生馬鹿之事並未處罰，

圖三　蒙古人飼養馬鹿

資料來源：Douglas Carruthers, *Unknown Mongolia : a record of travel and exploration in north-west Mongolia and Dzungaria*(London : Hutchinson & co., 1914), p. 230.

顯然有通融蒙古生計之權宜措施。

此外，烏梁海地方的蒙古人有飼養馬鹿與採集鹿茸，運至烏里蘇雅臺，售予內地商民，見圖三。乾隆四十二年（一七七七）九月初八日上諭：「據巴圖等處奏，烏梁海滿濟、達瑪鼐、羅布藏等三佐領人被旱數載，又伊等生計所依靠之角鹿俱皆生瘡而死，故甚爲貧窮，……今即滿濟等三佐領一百四十餘戶確實不能度日，則傳諭巴圖等，即動支官有，賞給以接濟。」[29] 一八七六至一八七七年俄國探險家波塔寧在科布多觀察到：馬

---

25 〔俄〕瓦西里·帕爾申著，北京第二外國語學院俄語編譯組譯，《外貝加爾邊區紀行》（北京：商務印書館，一九七六），頁六八。

26 〔日〕下村修介、加藤稚雄著，辛漢、王履康、經家齡譯，《西伯利亞大地志》（南京：啓新書局，一九〇三），下冊，頁二一六—二一七。

27 俄人之來蒙古者，概嫻蒙語易於接洽，測探形勢，聯絡人心。該國西伯利亞布哩亞特之一種俄人，原本蒙種，被其割據。俄人利用之或充兵役或服工商混雜蒙地，故其性質風俗更易融化視若一家。唐在禮，《庫倫邊情調查記》（香港九龍：蝠池書院，二〇〇九），頁二一六—二一七。

28 清朝規定蒙古人在封土範圍內，可以自由游牧、狩獵，非經許可不得超出這個活動範圍。原則上旗的土地是公有的，並非是任何一個王公的私有財產，任何人包括王公在內，非經朝廷或監管數旗的盟長許可，不得越境游牧、狩獵。參見札奇斯欽，《蒙古文化與社會》（臺北：臺灣商務印書館，一九八七），頁二六〇—二六四。

29 中國第一歷史檔案館編，《乾隆朝滿文寄信檔譯編》，第十二冊，頁五六二一。

鹿的角，在中國有穩定的銷路，現在運往中國的鹿角有一半取自飼養的馬鹿。比斯克商人在夏季向阿爾泰的獵人和養鹿戶收購鹿角，尤其是六月分的鹿角被認爲是最好的。收購上來的角大多運往烏里雅蘇臺，再由內地商民運往歸化城（呼和浩特），收購價格取決於歸化城的需求，也要依照角是否美觀、年齡大小和完整程度作價。如果是斷了的角，儘管各個部分全都保留著，給的價錢也低；從家養鹿頭上鋸下來的角沒有從獵殺的

表一　一八四一至一八五四年從恰克圖出口鹿茸價值（銀盧布）

年分	當年換出價值累計	年分	當年換出價值累計
一八四一	四〇，七四〇	一八四八	二四，五一二
一八四二	四三，一七八	一八四九	二四，〇〇九
一八四三	二三，三五五	一八五〇	四七，四四七
一八四四	二三，七六八	一八五一	四二，四三一
一八四五	二三，〇二七	一八五三	三六，七三五
一八四六	四六，六〇四	一八五四	八三，〇七七
一八四七	四〇，八五〇		

資料來源：（俄）阿．科爾薩克著，米鎮波譯，《俄中商貿關係史述》（北京：社會科學文獻出版社，二〇一〇），頁二二八。

野生鹿頭上角根連著部分頭骨鋸下來的角好賣。上等鹿角分杈不能超過五個，尚未開始骨化，粗壯、平整、分量極輕，枝杈的尖端鼓凸凸的。[30]故按附錄一及附錄二記載，鹿茸因外觀、年齡及完整程度而有價格差異，約在三至三二〇塊磚茶（〇・五四至三九・六兩）；[31]而且內地商民可能會壓低收購價格。[32]

恰克圖市圈方面，除蒙古鹿茸外，內地商民收購俄國東西伯利亞與貝加爾湖地區的鹿茸。每年五月至八月後貝加爾湖獸類加工業者持續收集與加工鹿茸，銷往恰克圖，中國商人收購價格在一百至一百五十銀盧布不等。[33]按一八四一至一八五四年恰克圖出口

30 〔俄〕格・尼・波塔寧著，吳吉康、吳立珺譯，《蒙古紀行》（蘭州：蘭州大學出版社，二〇一三），頁五九—六〇。

31 三六磚茶，每箱三十六塊茶，每五・五塊茶折銀一兩，每箱茶約六・五五兩。每四十包茶等於一塊磚茶，三二〇包等於一兩。賴惠敏，〈清代庫倫商卓特巴衙門與商號〉，《中央研究院近代史研究所集刊》，八四期（臺北，二〇一四），頁三六。

32 從商民記載的帳簿得知，收購牲畜價格有偏低的趨勢。乾隆二十八年（一七六三），羯羊、母羊、大羊每隻一・五兩，羊皮每張〇・二至〇・四兩。乾隆四十七年（一七八二），騸馬每匹十至十五兩。乾隆五十年（一七八五）每條四歲牛四・五兩。嘉慶十年（一八〇五），每匹馬六兩，每條一歲牛一兩（每歲遞增一兩）。參見賴惠敏，〈清代庫倫商卓特巴衙門與商號〉，頁四四。

33 〔俄〕阿・科爾薩克著，米鎮波譯，《俄中商貿關係史述》（北京：社會科學文獻出版社，二〇一〇），頁一一七。中國商人與俄國商人交易馬鹿鹿茸，每付鹿茸支付三十銀盧布，若鹿茸很大，則付六十銀盧布。參見馬克（Maako, R.）著，吉林省哲學社會科學研究所翻譯組譯，《黑龍江旅行記》（北京：商務印書館，一九七七），頁六四。

鹿茸公告價值互有消長，見表一。論鹿茸價值消長原因，或許與氣候變化有關。若某年秋冬長，春夏短，影響動、植物生長，致使人們捕捉或飼養馬鹿數量有限，出口鹿茸數量減少；反之亦然。

以上是合法鹿茸貿易方式。至於非法鹿茸貿易方式有二：一是民人進入蒙古山林盜獵鹿茸。二是蒙古人與俄國商人越境走私鹿茸。首先，嘉慶九年（一八〇四）七月，官員奏報木蘭圍場近年牲畜越來越少，係因民人常年進入圍場砍伐木植四十餘處，致令鹿蹤遠逸，並有攜帶鳥鎗，偷打鹿隻，售賣鹿茸之事；[34]而後清朝多次頒布禁令，仍無法遏止民人非法打獵情事。道光十三年（一八三三）十一月順保等官員上奏，放寬蒙古鹿茸買賣限制，或可遏止非法打獵及減價收買情事，對民蒙皆有裨益：「伊犁、錫伯等四愛曼（滿語：部落）所獲鹿茸，售與商民轉販內地。其在章程未定之先。商民自知私販鹿茸，違禁犯法，不敢向蒙古勒買。既經奏定之後，即與奉官收買無異，輒向各愛曼減價收買，日久或帶同獵戶，私打牲畜，侵奪蒙古食用之資，亦不可不防其漸。」[35]請弛商民販運鹿茸之禁，納稅以資河工修費。道光十四年（一八三四）二月上諭：「弛禁鹿茸之事，於蒙古等生計尚無流弊，著即依議辦理。經此次議准之後，該將軍等務當嚴飭各領隊大臣、理事撫民同知，認眞稽查，毋致日久生懈。如查有商民等減價收買，及私打牲畜等事，著即隨時懲辦。」[36]

其次，蒙古人與俄國人在烏梁海地方常有越境走私，雙方採賒欠交易。道光晚期，前者時常不在期限之內還債，致使後者頻仍索討。如「俄夷塔塔哩和爾滿來至卡倫稟稱，二十八年（一八四八）間賣給烏梁海總管蟒岱之兄綽羅鹿茸九支，交給兵丁濟爾噶勒收領，折價磚茶二十四筐，放給總管蟒岱旗下依爾巴噶什，尚欠磚茶二十塊，向該兵丁濟爾噶勒索討時，伊付給磚茶三十塊，旋即誣告蟒岱旗下之依爾巴噶什偷竊磚茶。又和爾滿鹿茸一支，賣給卡倫兵丁噶爾瑪，折價磚茶二十塊，當時帶回十塊，尚欠磚茶十塊。上年（一八四七）卡倫兵丁濟爾噶勒替依爾巴噶什賠還磚茶三十塊，和爾滿挑取厚磚茶十塊旋回，是以兵丁濟爾噶勒怨恨等語。」[37] 清朝擔心以上貿易糾紛演變成外交事件，乃於咸豐二年（一八五二）七月令庫倫辦事大臣速與俄國伊爾庫次克省長交涉，至八月十五日以前按以上人員傳至恰克圖地方，交兩國承審官

34 勒德洪修，《大清仁宗睿皇帝實錄》（北京：中華書局，一九八六），卷一二三，嘉慶九年七月己酉條，頁七九三。
35 勒德洪修，《大清宣宗成皇帝實錄》（北京：中華書局，一九八六），卷二四五，道光十三年十一月庚辰條，頁六九一。
36 勒德洪修，《大清宣宗成皇帝實錄》，卷二四九，道光十四年二月己未條，頁七六〇—七六一。
37 故宮博物院明清檔案部編，《清代中俄關係檔案史料選編》（北京：中華書局，一九七九），頁五三—五四。

員質訊辦理。[38]

四、鹿茸出口銷路及稅課

內地商民從蒙古人或俄國商人購入鹿茸之後，趁其尚有血色時盡快運往內地高價出售；若錯過時間，只得降價出清。《旅蒙商大盛魁》記載，乾隆以降，大盛魁、天元恆、天元盛、天升恆、日新公、義成昌及永盛生收購蒙古和新疆各地的鹿茸、貝母、枸杞、麝香及羚羊角等珍貴藥材在每年冬季前夕運抵歸化城，除售予永合堂藥鋪及附近地區藥鋪外，並由永合堂等運至祁縣集散。每年冬季開盤至來年陰曆四月二十八日以前，各地藥商匯集祁縣採購藥材。如麝香一兩銀七兩左右，鹿茸一斤值銀八至十六兩，枸杞一斤值銀三錢，貝母一斤值銀一兩四錢，羚羊角一斤值銀五十餘兩。道光初年，歸化城成爲唯一買賣鹿茸的開盤市場。如京幫藥店和山西太谷縣的廣生遠、廣生善等都按季節前來採購，鹿茸銷量每年約在二千餘斤；而後西路商幫，如天元恆及日新公，也加入採購行列，鹿茸銷量顯著增加，每年可達三千斤左右。每年冬季蒙古和新疆各地鹿茸運抵歸化城之後，由通順店牙紀辦理開盤手續。開盤當日，通順店將鹿茸按價排列，各地藥商按等次鑑價，以手秤取分量，在袖內與牙紀用手勢或暗語作價。優等鹿茸多被本地藥鋪購買就地炮製成藥，如參茸補腎丸，次等品種運往祁縣與其他地方銷售。[39]大盛魁賬簿記載鹿茸在歸化城售價，見表二。

表二　嘉慶、道光年間大盛魁銷售鹿茸價格

時間	每架價格（兩）
嘉慶二十年（一八一五）	十五
嘉慶二十四年（一八一九）	十四
道光十年（一八三〇）	十一

資料來源：綏遠通志館編，《綏遠通志稿》（呼和浩特：內蒙古人民出版社，二〇〇七），第三冊，卷二七（上），頁六九〇。

38 同前引，頁五四。

39 中國人民政治協商會議內蒙古自治區委員會文史資料研究委員會編，《旅蒙商大盛魁》（呼和浩特：內蒙古人民出版社，一九八四），頁一二一—一二二。

相較其他藥材售價，鹿茸價格確實高。但以上史料記載有限，無法看出鹿茸長期售價趨勢，至多權充參考。波茲德涅耶夫說：「四五十年前（一八五二—一八六二），土拉河西岸完全被連綿不斷的樹林覆蓋。這裡森林中的動物有馬鹿，中國人認為牠的角是名貴藥材，所以牠們的價錢很貴（約一百或一百以上銀盧布）……呼和浩特是買賣鹿茸的主要市場之一。這些鹿茸有的來自中國的屬地伊犁、塔爾巴哈台、科布多、烏里雅蘇臺、古城、哈密、寧夏，也有來自俄國的維爾年斯克、比斯克、米努辛斯克。近年來，呼和浩特的鹿茸貿易已經衰落了。衰落主要原因是三、四年前（一八八九—一八九〇）鹿茸價格的下跌。其次，鹿茸運到呼和浩特已不是那麼有利可圖，一些商人就不再收購它了；另一些商人即使收購，也不再將它們運到歸化城去，而是在張家口賣掉。」[40] 以上記述鹿茸交易在歸化城與張家口消長情形，而且隱含清朝與俄國貿易關係轉變。

十七世紀晚期以降俄國積極殖民西伯利亞，該處野生動物製品長年由恰克圖市圈進入蒙古，再銷往內地。蒙古在清朝封禁政策保護下消極發展農牧業，至多僅限各處買賣城及其周邊區域。咸豐十年（一八六〇）清朝與俄國簽訂〈北京條約〉，俄國商人取得赴蒙古貿易的權利。同治元年（一八六二）清朝與俄國簽訂〈陸路通商章程〉，俄國商人獲得蒙古貿易稅收減免，從恰克圖、庫倫運往張家口牲畜、皮張或毛料較以往低價。[41]如光緒十七年（一八九一）恰克圖章京鍾音呈報庫倫辦事大臣安德（一八二一—？）：「本年十月二十一日，俄國商人庫庫賓僱用波羅卡倫党素倫喇嘛腳駝，載鹿茸四箱，由買賣路進張家口，前往天津售賣。他向俄國瑪雨爾（Major）領過執照一張，經札爾固齊（蒙語：理事官）黏連加用關防，併查驗鹿茸件數目與照相符，當即放行。」[42]內地商民「往來反須自備資斧自僱車駝，成本較鉅，競爭不易。」[43]因此各省商人由歸化城改赴張家口採購鹿茸。一九一二年張家口售出鹿茸按大小分貴賤，一付自八、十兩，至三、五十兩不等。[44]一九一五年陸世荧調查庫倫全年銷售往張家口或歸化城鹿茸約一百付，值銀八千兩。[45]

庫倫互市之後，庫倫商民事務衙門陸續向內地商民徵收稅賦，如地基銀、鋪房銀、

40 （俄）波茲德涅耶夫著，劉漢民等譯，《蒙古及蒙古人》，第二卷，頁一三二、一三三。
41 米鎮波，《清代西北邊境地區中俄貿易——從光緒朝到宣統朝》（天津：天津社會科學出版社，二〇〇五），頁七九。
42 中央研究院近代史研究所藏《總理各國事務衙門》，編號〇一—二〇—〇一九—〇一—一七五。
43 唐在禮，《庫倫邊情調查記》，收錄於邊丁編《中國邊疆行紀調查記報告書等邊務資料叢編．初編》（香港：蝠池書院出版有限公司，二〇〇九），第二一冊，頁二一。
44 採錄，〈張家口調查錄〉，《地學雜誌》，三卷五、六期（天津，一九一二），頁十八。
45 陸世荧，〈調查員陸世荧調查庫倫商業報告書〉，《中國銀行業務會計通信錄》，十一期（上海，一九一五），頁十四。

落地雜稅、生息銀及商捐銀。[46]光緒年間清朝督辦蒙古新政，庫倫地方行政支出大幅增加，故有官員建議朝廷增闢稅源。光緒三十年（一九〇四）三月庫倫辦事大臣德麟（一八六一—？）上奏朝廷：庫倫境內土產之駝馬、牛羊、皮張、毛絨、蘑菇、黃芪及鹿茸，向來無抽稅，值需款孔亟之際，設立局開辦出口統捐，商人發運出口如數完納給予憑單，路過張家口等處稅卡驗單放行不再徵稅。以上稅收，一成作地方經費，二成作蒙古王公津貼，七成解交戶部。[47]在鹿茸貿易方面，由於西伯利亞與蒙古北部地區自然環境雷同，若非專家不易在市場上辨認鹿茸來源；因此若蒙古鹿茸產量不足，內地商民常買俄國鹿茸混充蒙古鹿茸。光緒三十年九月，公合盛、復源德、中興和等商鋪在恰克圖市圈購入俄國鹿茸若干付，準備銷往內地。恰克圖稅局委員緒彬懷疑這些鹿茸來源不明，乃呈報庫倫辦事大臣衙門應否上稅？以上商鋪不耐久候，懇求緒彬先行放驗，併開具清單留局備查，以便將來納稅之據。緒彬同意放行。光緒三十一年（一九〇五）二月，以上商鋪將這些鹿茸運抵庫倫之後，即被庫倫稅局扣留。庫倫辦事大臣樸壽（一八五六—一九一一）及朋楚克車林（一八六七—一九三七）認為這些鹿茸必須納稅，問責緒彬怎麼輕易放行，並懷疑緒彬收受商人賄賂之嫌；[48]以上商鋪一併咎責。這些商鋪擔心節外生枝，乃出具切結，保證沒有行賄恰克圖稅局官員，每付鹿茸交捐銀一兩二錢五分；公和盛有鹿茸四百零六付，交捐銀五百零八兩一錢二分五厘。[49]復源德有鹿茸五百五十四付，交捐銀六百九十二兩五錢，[50]中興和有鹿茸四十四付，交捐銀五十五兩。[51]

五、結論

自十七世紀晚期起蒙古人、內地商民及俄國商人往來日益頻繁，逐漸形成龐雜的產業活動：一是將蒙古及西伯利亞的動、植物資源運用到在地農業、牧業及商業；二是將以上區域動、植物資源引入中國內地消費市場。

46 賴惠敏，〈清代庫倫的規費、雜賦與商人〉，《故宮學術季刊》，四期（臺北，二〇一五），頁二三一—三八。

47 國立故宮博物院藏《軍機處檔摺件》，編號一五九四九五，光緒三十年三月初三日。

48 蒙藏文化中心藏《蒙古國家檔案局檔案》，編號〇八二一—〇三八，頁〇一〇四—〇一〇五；編號〇八六—〇一二，頁〇〇三二一—〇〇三三。

49 蒙藏文化中心藏《蒙古國家檔案局檔案》，編號〇八〇—〇四七，頁〇一五七—〇一五八。

50 蒙藏文化中心藏《蒙古國家檔案局檔案》，編號〇八五—〇〇一，頁〇〇〇一—〇〇〇二。

51 蒙藏文化中心藏《蒙古國家檔案局檔案》，編號〇八二一—〇〇七，頁〇〇一五—〇〇一六。

道光十四年以前，清朝禁止內地商民進入蒙古山林捕獵野生馬鹿，只能從蒙古人或俄國商人收購鹿茸，運回歸化城或張家口販售；而且蒙古各階層人員間或參與鹿茸買賣，並有專業化趨向：每年四月至六月蒙古獵人赴野生馬鹿出沒地點採集鹿茸，待內地商民前來部落收購，或載運至至各地市圈（如庫倫與恰克圖）出售；而且有飼養馬鹿者，透過內地商民及俄國商人之手，將鹿茸銷往中國。

道光十四年以後，清朝因應內地人口增加、土地開發及解決蒙古生計課題，不得不解除獵捕野生鹿群法令，致使蒙古鹿茸出口逐年增長，消費者可在內地藥材市場中按外觀、年齡及完整程度購買相應價格及品質的鹿茸。儘管這項政策致使鹿茸在內地藥材市場價格趨向滑落；但鹿茸比較其他藥材仍屬高價商品。除合法貿易管道之外，非法貿易情形時有所聞，如蒙古人與俄國人在烏梁海地方走私鹿茸，再轉賣內地商民。

光緒年間，清朝因應外國勢力涉入邊疆地區，即開始積極治理蒙古，增加相關行政支出，并開徵各類稅賦。如光緒三十年蒙古鹿茸納入庫倫地方課徵統捐稅項，降低內地商民因購買俄國鹿茸混充蒙古鹿茸而逃避稅課之機會。

附錄一

道光七年市圈買過鹿茸民人

買過相識人	時間	賣方蒙古人	鹿茸（付）	價格（磚茶塊）	產地來源
興隆永	五月初二	欽差王爺旗人沙各都爾	一	一〇〇	扎薩克那木扎爾旗以素岱地方打的
興隆永	五月初二	欽差王爺旗人紀牙圖	二	七十	扎薩克那木扎爾旗以素岱地方打的
興隆永	五月十七日	沙畢人圖暮	一	一八〇	公散敦克明珠爾多爾吉旗阿魯巴彥羔爾地方打的
興隆永	五月十八日	欽差王爺旗人阿莫爾篩漢	一	一七五	參贊貝子旗月洛圖地方打的
永茂盛	五月初九	沙畢人公布扎布伊什布巴爾丹	一	二三五	各亥合不扎地方打的
天春永	五月初四	欽差王爺旗人轄以流爾圖、克什克圖	一	一七五	桃賴哈薩圖地方打的
天春永	五月十八日	沙畢人達什敦多克、齊巴克扎布二人	一	二〇〇	東達吾拉哈拉克那地方打的

天春永	五月二十一日	沙畢人策林扎布	一	一八〇	愛勒克圖地方打的
林盛元	五月初二	沙畢人台吉束倫	一	一四四	扎薩克策林多爾吉旗甲勒克藍圖地方打的
林盛元	五月初二	扎薩克策林多爾吉旗人得勒克爾	一	一五〇	同克林地方打的
林盛元	五月初四	扎薩克策林多爾吉旗人車登散敦克	一	一八〇	同克林巴彥竹勒克地方打的
林盛元	五月初四	欽差王爺旗人以流爾	一	二〇〇	參贊貝子旗桃賴後毫賴可可地方打的
林盛元	五月十八日	欽差王爺旗人以流爾圖、克什克圖	二	二七三	參贊貝子旗東達巴彥地方打的
林盛元	五月十八日	欽差王爺旗人轄年默戶甲勒克爾	一	一九〇	參贊貝子旗東達巴彥阿畢勒克地方打的
林盛元	五月二十二日	沙畢人毛倫	二	四〇五	扎薩克策林多爾吉旗克勒克那彥地方打的
林盛元	五月二十四日	扎薩克策林多爾濟吉旗人圖薩拉克齊策林達什	一	一八九	克勒克地方打的
林盛元	五月二十五日	欽差王爺旗人布羅特	一	一八〇	參贊貝子旗阿薩爾地方打的
林盛元	五月二十五日	欽差王爺旗人轄喇嘛宰	一	四十	參贊貝子旗活勒戶地方打的

林盛元	五月二十八日	參贊貝子旗人台吉羅桑達什	一	二一三	或什克地方打的
林盛元	閏五月初二	欽差王爺旗人轄齊旺	一	二二五	可可愛留木察地方打的
林盛元	閏五月初八	欽差王爺旗人轄嗎什巴圖	一	一七五	公三凍克明珠爾多爾吉旗東木台地方打的
林盛元	閏五月初九	欽差王爺旗人公布	一	二〇〇	參贊貝子旗哈薩圖地方打的
林盛元	閏五月十六日	欽差王爺旗人公楚克	一	一六八	參贊貝子旗伊素岱地方打的
林盛元	閏五月十六日	沙畢人策林達什	一	七三	巴達洛克地方打的
林盛元	閏五月十六日	沙畢人羅桑策林	一	一〇〇	扎薩克那木扎勒旗伊流河地方打的
林盛元	閏五月十七日	欽差王爺旗人公布	一	一一三	參贊貝子旗足落素哈雅地方打的
林盛元	閏五月二十一日	欽差王爺旗人轄曾克圖	一	一五〇	扎薩克東那木扎勒都爾圖地方打的
林盛元	閏五月十八日	參贊貝子旗策巴克扎布	一	二三〇	本旗敦都巴得爾察漢吃勞圖地方打的
林盛元	閏五月十八日	扎薩克策林多爾吉旗人阿爾布架	一	一七五	本旗伊洛布克察漢吃勞圖地方打的
林盛元	閏五月十八日	扎薩克策林多爾吉旗人台吉三凍	一	二〇〇	本旗吃勞圖地方打的

林盛元	閏五月二十七日	欽差王爺旗人賽巴彥爾	一	一四五	參贊貝子旗占奈扭都爾其地方打的
林盛元	閏五月三十日	欽差王爺旗人轄德勒各爾生	一	一一〇	公三凍克明珠爾多爾吉哦的勒克地方打的
興隆永	閏五月初一	欽差王爺旗人紀牙圖	一	九〇	扎薩克那木扎勒旗明竟稿爾地方打的
興隆永	閏五月十三日	欽差王爺旗人轄嗎勒勒、沙畢人伊達木	一	一九〇	扎薩克那木扎勒旗渣奈哈亥彥地方打的
興隆永	閏五月十五日	沙畢人唐古特	一	七二	扎薩克那木扎勒旗扎奈地方打的
興隆有	閏五月初四	參贊貝子旗人羅布桑	一	二〇〇	本旗巴彥地方打的

資料來源：蒙古國國家檔案局藏，編號M1D1-1－三八四五。

附錄二

市圈買鹿茸鋪民

買過相識人	時間	賣方蒙古人	鹿茸（付）	價格（磚茶塊）	產地來源
天春永	四月二十四日	扎薩克干丕爾多爾吉旗人喇嘛羅布桑公楚克	一	一二六	扎磨爾地方打的
萬常榮	五月初一	欽差王爺旗人轄扎勒克爾	一	一六六	扎哈雅爾地方打的
萬常榮	五月初一	沙畢人鄂其爾	一	一七〇	克林各赤洛台必其爾地方打的
永茂盛	五月初五	沙畢人達什扎布、都勒扎布	一	一四〇	塔拉布拉地方打的
萬盛明	五月初五	扎薩克策林多爾吉旗人梅令伊特	一	四〇	伊特木地方打的
三盛德	五月初七	扎薩克策林多爾吉旗人策林達什	二	五〇	伊特木地方打的
興隆永	五月初八	沙畢人多爾吉扎布	二	五六	以素岱地方打的
天春永	五月初十	參贊貝子旗人圖布斯、齊巴克	二	七六	巴拉出布拉地方打的

和合成	五月十三日	欽差王爺旗人轄阿麻爾巴彥爾圖哈拉達爾	一	一六〇	哈拉諾爾地方打的
義成永	五月十六日	沙畢人各生托勒巴	一	八〇	烏梁台公圖地方打的
天春永	五月十六日	參贊貝子旗人喇嘛納旺	一	九	外路買來的
天春永	五月十七日	欽差王爺旗人轄篩汗甲勒噶爾，轄哼克托勒爾	一	三六	以素的地方打的
天春永	五月十九日	沙畢人喇嘛粮敦、丁木特二人	一	一二〇	托洛布倫地方打的
天春永	五月二十一日	沙畢人多爾吉	一	一〇〇	哈洛河什巴勒台地方打的
永茂盛	五月二十七日	沙畢人達什扎布	一	一四五	托拉布拉地方打的
豐玉成	五月二十七日	扎薩克策林多爾吉旗人扎克爾齊羅贈	二	二六	伊特木地方打的
林盛元	四月二十九日	扎薩克策林多爾吉旗人汪登、丕勒	一	一三〇	伊特木地方打的
林盛元	四月二十九日	沙畢人巴勒嘛	一	八	愛勒克爾地方打的
林盛元	四月三十日	欽差王爺旗人策速倫敦多克	一	一二〇	曼達爾巴彥羔爾地方打的
林盛元	四月三十日	欽差王爺旗人甲拉台	一	三一	以素的地方打的
林盛元	四月三十日	欽差王爺旗人達什策林	一	三〇	阿魯烏爾圖布拉地方打的
林盛元	五月初六	欽差王爺旗人克什圖	一	八四	巴彥可赤洛地方打的

林盛元	五月初六	欽差王爺旗人公司	一	三六	哈扎可素哈雅地方打的
林盛元	五月初六	欽差王爺旗人古勒沁	一	一七〇	哈彥木瑚爾地方打的
林盛元	五月十一日	欽差王爺旗人甲拉台	一	一六〇	以素岱地方打的
林盛元	五月十五日	欽差王爺旗人以流爾圖	一	一五〇	中巴彥地方打的
林盛元	五月十五日	欽差王爺旗人轄的勒克爾	一	一八〇	巴彥羔爾地方打的
林盛元	五月十五日	沙畢人毛倫	一	一六〇	克林克哈達地方打的
林盛元	五月十五日	沙畢人毛倫	一	一二〇	周納哈雅圖地方打的
林盛元	五月二十二日	欽差王爺旗人克什圖	一	一五七	松克納地方打的
林盛元	五月二十二日	欽差王爺旗人轄巴彥甲勒克爾	一	一六五	汗見大垻哈雅地方打的
林盛元	五月二十二日	沙畢人毛倫	一	一八〇	汗見大垻阿魯地方打的
林盛元	五月二十九日	沙畢人托東倫甲布	一	一六〇	甲勒克拉圖地方打的
林盛元	六月初一	扎薩克策林多爾吉旗人台吉肯克爾	一	一八〇	同克爾地方打的
林盛元	六月初六	欽差王爺旗人保什戶齊巴克、棍系	一	二〇五	巴藍巴彥瑚勒噶合雅諾爾地方打的
林盛元	六月十八日	欽差王爺旗人轄的勒克爾	一	六〇	巴彥高爾地方打的
林盛元	六月十八日	欽差王爺旗人轄阿麻爾篩汗	二	一三五	波羅沙洛地方打的
林盛元	六月二十日	欽差王爺旗人轄麻什巴圖	一	二五八	巴彥高爾地方打的

天春永	六月十三日	欽差王爺旗人轄齊旺	一	七〇	可可勒麻圖地方打的
天春永	六月三十日	王麻尼巴達拉旗人稍都巴	三	十一箱	阿克喬東黑洛爾哈克察地方打的
天春永	六月三十日	王麻尼巴達拉旗人金木第克出爾	三	十箱	阿克喬東黑洛爾哈克察地方打的
天春永	六月三十日	公索木丹巴達爾旗人巴達爾戶	三	八箱	阿克喬東黑洛爾哈克察地方打的
天春永	六月三十日	扎薩克那木扎勒旗人散敦克出爾	一	四箱	阿克喬東黑洛爾哈克察地方打的
天春永	六月三十日	貝子朋楚克多爾吉旗人汪沁	四	二〇〇	阿克喬東黑洛爾哈克察地方打的
興隆永	六月初十	欽差王爺旗人篩汗甲勒噶爾	一	二五	帖林吉胡勒汗地方打的
興隆永	六月初十	欽差王爺旗人竹勒噶爾	一	一六〇	帖林吉哦克地方打的
興隆永	六月十七日	欽差王爺旗人討托爾亥	一	五〇	色楞格河地方打的
三盛德	六月十七日	沙畢人公布	一	十五	巴彥高爾地方打的
義成永	六月十七日	沙畢人羅桑公布	一	七八	愛勒克爾地方打的

資料來源：蒙古國國家檔案局藏，編號M1D1-1-二八一二一。

農藥作物魚藤在東亞的認識與臺灣總督府栽培事業

侯嘉星
國立中興大學歷史學系助理教授

一、發現與認識魚藤

魚藤（Derris）又稱爲毒魚藤、雞血藤，是豆科魚藤屬植物，原產於東南亞、南太平洋島嶼。其英語稱爲Tubaroot或Derris，馬來語稱爲Akra tuba，日文音譯爲デリス（derris）或トバ（tuba），漢字寫爲魚藤、寶策、苗栗藤及毒藤等。[1]從外觀上來看，這種植物是纏繞性的灌木，樹型沒有特定形狀，共通點是莖幹呈紫黑色、有九至十三片奇數羽狀複葉、葉片呈橢圓形，背面有白色軟毛，花瓣有淡紅及白色。

1 島根縣立農事試驗場，〈デリス根の研究と應用〉，《病蟲害雜誌》，卷十二號十一（一九二五年十一月），頁四八。

　　魚藤類植物的根部含有化學物質魚藤酮，對魚類、昆蟲等動物有害，但對溫血動物影響不大。部分地區的人們，早在數千年以前就發現這種現象，採集這類植物的根部搗碎用以毒魚，故得此名。廿世紀之後，因科學技術、現代農業的發展，應用在農業生產方面的化學製藥蓬勃興盛，其中包含如何應用化學品減少農業損失的研究，催生了農藥事業。但早期的農藥多半是無機農藥，例如硫酸銅、砒酸鈣等，這類藥劑固然能殺死昆蟲，但對植物也會造成損害。如何平衡農藥的毒性與功效，是早期農業化學家的

魚藤的一種，毛血藤。PHOTOED BY Forest & Kim Starr.

難題。魚藤這類作物，做爲天然的生物加工藥劑、有機化學農藥，對植物殺傷力較小，因此成爲化學家關心的焦點，一度成爲流行的農藥原料。

事實上，人類利用自然植物進行病蟲防治的歷史很早，自然界中有驅蟲功效的植物，自古以來即已受到不同地區的國家重視。最早被發現具有除蟲效果的植物是除蟲菊，十六世紀鄂圖曼土耳其帝國控制下的巴爾幹地區，已採集其花朵用以防蟲；不過除蟲菊的加工利用，遲至十九世紀中葉才出現工業量產；十八世紀的臺灣已發現樟樹蒸餾後的結晶可以防蟲，因此有樟腦加工事業。另外一種頗爲普遍的驅蟲藥，是以菸草爲基礎的硫酸尼古丁藥劑，大約一九一〇年前後因殺蟲效果顯著而流行。本文所討論的魚藤藥劑，同樣是一九一〇年代左右才逐漸完善現代化學分析、進入商業化量產，並且很快地大規模運用到農業生產中。上述的除蟲菊、尼古丁及魚藤三種植物，又被認爲是廿世紀早期發展的有機化學農藥中，最重要的三項基本原料作物。[2]

有別於十九世紀出現的無機化學農藥，建立在有機化學基礎上的除蟲菊、尼古丁及魚藤利用，其實都有相當長時間的認識。例如日本史籍中，傳統農民會將除蟲菊粉混

2 田中彰一，《実用農薬要論》（東京：養賢堂，一九四八），頁三—四。

合肥皂、乳劑，噴灑在植物葉面上驅除蚜蟲、螟蛉、蛞蝓等昆蟲，或與木灰、石灰等混合驅除葉菜類昆蟲，另外也有將菸草葉曬乾磨成細粉，施用於蘭花類觀賞植物上；部分地區性的文獻則另有如馬醉木、木藜蘆等地方特產驅蟲植物，但大體而言這些加工利用偏向手工製作、經驗法則，皆難以普及。[3]要等到十九世紀現代化學分析成熟，這些天然植物才進入詳細的品種調查、成分鑑定，以及摸索出成熟加工量產的階段。

十九世紀中葉，英國化學家T. Oxley首先提出魚藤在農業中利用的可能性，約略同時，德國化學家Greshoff和英國化學家L. Wray分別發現魚藤根的有毒成分，但還未能有效確定這種成分的性狀。一八九九年德國化學家Van Sillevoldt成功將魚藤根部的有毒成分分離出黃色結晶，至此科學界才基本確認魚藤酮的基本型態。[4]而後歐洲、美國科學家接力努力，於一九二〇年代陸續進行試驗，最終確認魚藤酮的化學式爲$C_{19}H_{18}O_5$。[5]

除蟲菊。PHOTOED BY KENPEI.
（Reusing this file） GFDL,Creative Commons Attribution ShareAlike 2.1 Japan License

根據歐洲科學家對東南亞殖民地的調查，同屬季風雨林氣候的馬來半島、蘇門答臘和婆羅洲等地，魚藤品種多達五十餘種，不過不是每種魚藤都有商業應用的價值，在當地眾多品種中只有約十種毒性足夠強烈，能提煉出適當濃度的魚藤酮用於藥劑加工。在這十餘種當中，又以馬來西亞產的魚藤藥效最佳，當地居民甚早採集野生魚藤回到農家進行簡易加工；廿世紀之後農藥業者提高收購量，導致野生種在一九二〇年代以後逐漸稀少，轉而以人工栽培爲主。[6]

日本的化學家在十九世紀末，接觸到歐美學界對魚藤研究的成果後，對這種熱帶植物也產生興趣。特別是取得殖民地臺灣後，對臺灣展開的熱帶調查，更是追求能發現新品種建立植物加工事業。一九〇一年至一九〇二年的《臺灣日日新報》，曾記載臺灣所發現的有毒植物中，有一種纏繞性灌木，此類植物臺灣話稱爲「ヒーテン」（hi-i-ten）

3 小島銀吉，〈驅蟲劑デリスエリプチカに就て〉，《文化農報》，期四（一九二二年十二月），頁十九。

4 刈米達夫、渥美嶮次郎，〈デリス根成分の研究（第一報）〉，《衛生試驗所彙報》，號十九（一九二三年五月），頁一四七—一四八。

5 刈米達夫，〈魚藤及びデリス根にいて〉，《藥學會誌》，號五六（一九三二年十月），頁一—六。

6 島根縣立農事試驗場，〈デリス根の研究と應用〉，頁四九—五〇；刈米達夫，〈有毒植物ノデリスト魚藤〉，《植物研究雜誌》，卷三號八（一九二六年八月），頁一八三—一八八。

或「ローテン」（roh-ten），即魚藤、露藤或櫨藤，很明顯的是閩南話發音；原住民則稱爲「トバ」（tuba）。這些臺灣原產的魚藤多半自然生長於臺灣西部，特別是三角湧附近繁殖頗多，主要出現於陰濕山坡地，且經常和竹類及其他藤蔓植物共生。[7]

魚藤做爲天然的毒性植物，利用方式其實不複雜。早期馬來半島的居民會將魚藤根部搗碎或埋入土中腐敗後，再榨取汁液，塗在箭頭上或灑在水裡；廿世紀當地的華人聚落，往往在農田邊界隙地種一些魚藤，以磨碎或泡水方式加工成液體藥劑，噴灑在蔬菜葉上。第一次世界大戰前，德國商人最早在馬來西亞收購魚藤；一戰後英國人繼續在當地購買魚藤，運回歐洲加工，成爲一九二〇年代歐洲、美澳等地普遍的新式農藥。[8]

一般而言，魚藤酮殺蟲的方式，是噴灑於植物上後，經昆蟲的口器進入蟲體，並麻痺昆蟲的中樞神經使之死亡。這種方式對於食葉類的尺蠖、毒蛾幼蟲、蚜蟲，或是棉花金剛鑽蟲及蘿蔔甲蟲等效力尤爲明顯，這也是爲何魚藤藥劑往往用於東南亞的華人菜園之故。[9]除了化學式分析及農業應用外，魚藤酮的醫療實用研究也同步進行。一九二二年美國科學家發現魚藤藥劑可以有效去除家禽家畜的皮膚寄生蟲、一九二四年日本科學家及公衛專家也發現利用魚藤酮治療皮膚病的研究，顯示此一作物所支持的不僅是農業化學工業，還有現代醫學的製藥產業。[10]

二、日本商人的製藥事業

一九二〇年代東亞各國也邁入到引進新式農業科學、建立化學加工產業的階段。其中化學製藥工業最發達的國家是日本，反映在產業上，則是農藥需求量年年增加，包括對魚藤農藥的需求也日益提高。日本國內主要販售的魚藤藥劑商品，依照年代先後分別是「デリス石鹼」（東京デリス製藥株式會社推出）、「ジョアン」（福岡城安商會推出）、「ネオトン」（東京理化學研究所推出）以及「三鱗殺蟲劑」（大阪三鱗製藥部

7 〈魚藤の有毒成分〉，《臺灣日日新報》，一九〇二年八月廿三日，版四；〈魚藤（有毒植物）の分析〉，《臺灣日日新報》，一九〇一年九月三日，版一；長瀨誠，〈魚藤根研究の現況〉，《臺灣藥學會誌》，期四三（一九三二年八月），頁五八。

8 島根縣立農事試驗場，〈デリス根の研究と應用〉，頁五〇—五一；小野寺二郎，〈デリス根に就て〉，《臺灣の山林》，期一四一（一九三八年一月），頁二二。

9 島根縣立農事試驗場，〈デリス根の研究と應用〉，頁五〇—五一。

10 武居三吉，〈デリス根の有効成分の研究（第一報）〉，《理化學研究所彙報》，輯二號四（一九二三年十一月），頁四八五—四九六；理化學研究所，〈デリス劑ネオトン（一）〉，《病蟲害雜誌》，卷十三號十（一九二六年十月），頁四九—五四。

推出）。[11]

這些產品大體上分爲兩種形式：其一是粉狀藥劑、其二是精製後的濃縮藥劑。粉狀藥劑係將乾燥魚藤根研磨成粉後製成的半成品藥劑，農民要使用時，需先將藥粉加水浸泡後形成乳白色液體，再加入黏著劑（常見媒介如肥皂泡水、乳膏等，因此稱爲デリス石鹼）後，噴灑在農作物上。

這種使用方式出現較早，一九一〇年日本商人城野昌三注意到馬來西亞的華僑農場，利用魚藤藥劑能有減少蟲害、提高產量，因此少量購入並賣到日本國內。一九二〇年因日本國內對農藥的需求提高，城野決定擴大魚藤根輸入。一九二一年募資五十萬円成立デリス製劑株式會社，除了原本的魚藤進口事業外，還在東京設立魚藤農藥工廠（一九二三年因東京大地震損毀，隔年工廠遷至神戶），打算大量向日本各界推銷這項新產品。不過一九二〇年代魚藤的相關化學研究仍在進行中，化學提煉製程尚未成熟，因此藥劑效力不穩定。但由於該公司的魚藤藥劑產品價格非常便宜，加上使用簡便，逐漸在各地普及。不過也由於品質不穩定，根據後來擔任社長的伊東武治郎回憶：「城野昌三經手的魚藤根品質極差，而且大量在橫濱稅關的倉庫內堆放一年，公開競售以求換取週轉金，又乏人問津。」[12]可見產品引進之初，生產與銷售流程仍頗爲生疏。直到一九二〇年代中期，魚藤藥劑製程逐漸穩定，加上一九二八年昭和天皇即位大典上，被指定爲典禮獻物的稻米，標榜使用デリス石鹼才使得公司聲名大噪。[13]

稍後於粉狀藥劑發展的，是濃縮的液狀藥劑，一九二〇年代中期逐漸問世，很快取代粉狀藥劑成爲主流產品。一九二四年日本著名的農業化學業者三共合資會社，決定進一步擴張農藥事業，選定魚藤爲新的努力方向。[14]加上同時間東京理化學研究所推出的ネオトン（Neoton）、靜岡伴野商店的デリコン、京都農藥研究所的カンコウ、三共的デリゲン，以及大阪三鱗製藥部的「三鱗殺蟲劑」等魚藤藥劑陸續推出改良產品，這些藥劑有別於早期的「デリス石鹼」還需要農家加工，多半已是液狀藥劑，僅需稀釋噴灑，且藥劑效力穩定、製造流程成熟，此類產品亦成爲當時日本在擴大農業生產時的有力工具。[15]

---

11 刈米達夫，〈有毒植物ノデリスト魚藤〉，頁一八五。
12 《社史日本農藥株式會社》（東京：日本農藥，一九六〇），頁一〇八—一〇九。
13 《社史日本農藥株式會社》，頁一一一—一一四。
14 山科樵作，《三共五十餘年の概貌》（東京：三共，一九五二），頁十一；《三共六十年史》（東京：三共，一九六〇），頁一一三、十一、廿一—廿二。
15 石貝邦作，《農藥デリスの栽培法》（東京：明文堂，一九三八），頁二八。

高度商業競爭的結果，自然使得市場產品眾多、業者削價競爭，一定程度上減弱了魚藤農藥的獲利。面對此一問題，部分日本農藥業者在一九二八年合資成立日本農藥株式會社，做爲整合業界生產的最大農藥製造商。一九二九年日本農藥株式會社與魚藤藥劑最大製造商デリス會社洽談代理，以兩萬円的代價取得「デリス石鹼」的長期海內外獨家販售權，從一九三〇年的財報來看，這是一筆非常划算的生意，因爲僅僅當年度，デリス石鹼便賣出六萬多斤、銷售額達到十餘萬日円，占了日本農藥株式會社營收獲利的三十一%，此一藥劑的市場價值由此可見一斑。一九三二年日本農藥株式會社正式合併デリス會社，魚藤藥劑工廠改稱日農神戶廠。翌年在美國洛杉磯舉辦的世界農藥展示會中，日本商人的魚藤藥劑獲得國際業者注目，同年度開始出口到美國市場。日本農藥株式會社出於同樣看好濃縮藥劑的考量，也積極跟業者洽商並在一九三二年取得理化學研究所ネオトン的獨家販售權、更進一步在一九三五年獲得授權代理生產，至此，魚藤農藥當中最重要的幾項產品，都在日本農藥株式會社手中，既提升了生產技術與效率，更減少業者之間彼此的競爭，另方面，也印證此種藥劑的市場價值極爲可觀。[16]

不過要特別說明的是，這類有機化學藥劑，被視爲是有效、安全的農藥，但是廿世紀上半，農藥的主流，仍是價格較爲低廉的無機化學農藥。以一九三四年日本國內市場來觀察，魚藤藥劑約占總銷售額的六％，在其之前均爲無機化學農藥，居首的硫酸銅總銷售額市占率爲十九％，其次是石灰硫磺製劑的十四％、硫酸尼古丁的十％，以及砒酸鉛的九％。儘管如此，魚藤農藥能從總體六％的市占率創造出日本農藥株式會社的三十一％獲利，可見這種新式藥劑的利潤驚人。

一九三〇年代以後，國際局勢與一九二〇年代有很大不同。經濟大恐慌後各國推出關稅壁壘保護國內產業，國際貿易萎縮迫使主要工業國家調整國內市場，乃至於爲了戰爭進行準備。日本農藥市場的整合以及切換到戰時體制，除了前述日本農藥株式會社的整併外，還可以從一九四二年的東亞農藥株式會社得到印證。東亞農藥係由日本國內各大農藥廠商整併而成，這些業者多半是日本農藥株式會社的競爭對手，於是市場中形成日本農藥與東亞農藥雙雄並立的格局。根據當年度東亞農業的生產計劃，合併後的農藥年產量將爲魚藤粉劑三千三百萬磅、砒酸鈣三百萬磅、銅製劑三百萬磅、砒酸鉛一百萬磅、大豆展著劑九十萬磅、硫酸尼古丁一萬磅。魚藤粉劑無疑是戰爭期間最重要的農藥

16 《社史日本農藥株式會社》，頁一一八—一二三、一五四—一五五。

產品。[17]

面對一九二〇年代魚藤藥劑的需求日益增加、一九三〇年代國際局勢又推升經濟圈內自給自足需求的趨勢，魚藤藥劑勢必不能再依賴自馬來半島進口的單一途徑。因此日本學者、商人，乃至政府部門，試圖在「進口防遏」原則下開闢日本帝國圈內的魚藤栽培農場，乃至於建立穩定的原料種植、生產加工體系，亦顯得理所當然。由於魚藤是熱帶作物，因此帝國南方的南洋諸島、臺灣，必然成爲魚藤產地的首選，在這些地方紛紛出現魚藤移植栽培事業。

三、臺灣總督府栽培工作

一九二〇至一九三〇年代日本魚藤農藥製造業興盛，業者所需的大量原料，絕大多數從東南亞進口。一九二〇年代中期婆羅洲的Sarawak、馬來半島及蘇門答臘島上都出現許多魚藤種植園；一九二二年以後也有越來越多日本人投入種植事業。不過魚藤種植的中心仍在馬來半島，一九三八年馬來半島的魚藤栽培面積有九，五八九英畝，其中聯邦州占四，一〇六英畝、英國海峽殖民地占一，一九一英畝、非聯邦州占四，二九二英畝，如此規模可說是當時世界魚藤栽培的中心。[18]馬來半島的魚藤主要出口地是英國、日本及美國，一九三〇年三者出口的比例分別是三八．八%、四二．二%跟七．七%，不難想見日本國內魚藤製藥業的興盛，以及對魚藤原料的渴求。

日本國內移植魚藤的嘗試很早就開始了，一九一七年農林省官員自新加坡引進南洋種魚藤在南洋廳試種。但是一九一〇至一九二〇年代，這些實驗性種植規模有限，主要還是仰賴南洋進口。一九二〇年代末日本商人青野正三郎在小笠原群島上建立魚藤農場，並與日本農藥業者簽訂契約，開啓商業種植的時代。一九三四年以後因魚藤需求提高，加上國際關係惡化，製藥業者尋求原料替代的途徑，因此日本農藥株式會社提高對小笠原群島的採購量，每年可達三十噸；業者還派遣技術人員前往調查，並指導栽培方式。雖然小笠原栽培魚藤逐漸步上軌道，但受限於腹地狹小，實際能栽培的面積極爲有限，產量無法擴大。[19]

17 《二十五年史》（東京：東亞農藥，一九六七），頁三四—四二。

18 小林碧、益田直彥，《南方圏の資源》（東京：日光書院，一九四三），頁一五二—一五三。

19 《整備されたる農業藥劑》（東京：大日本農會，一九四三），頁十二—十六；宮島式郎，《デリス》（東京：朝倉書店，一九四四），頁二；《社史日本農藥株式會社》，頁二一八—二二〇。

在日本帝國圈內，適合熱帶作物生長環境，並且有足夠腹地發展種植事業的地方，無疑就是臺灣。臺灣總督府認爲憑藉臺灣地理位置的優越，將能成爲魚藤生產的中心之一，同時促進藥劑製造事業。總督府農事試驗所所長澁谷紀三郎主張，魚藤是重要的新興經濟作物，在臺灣栽培的魚藤，不僅提供日本國內需要，未來更有可能成爲出口商品，甚至可以做爲一種新基礎原料，帶動臺灣的化學製劑工作。[20]

磯永吉身影。

臺灣的魚藤引進工作，一九二九年已有日本商人馬場弘試種魚藤苗，之後陸續有石貝邦作等相繼進行小規模種植。但眞正由總督府主導的大規模移植，遲至一九三四年才開始。一九三四年的引進工作，是由中央研究所農業部種藝科長磯永吉，以及技師櫻井芳次郎、加茂巖等負責，決定在臺灣引進東南亞種魚藤，委託日本商人安倍輝吉購入種苗。根據氣候及雨量的調查，磯永吉等人認爲臺灣南部的高雄州及臺東廳，是栽培魚藤的最佳環境。於是總督府農事試驗場首先在臺南白河的臺灣生藥會社農場種植十甲，及屏東里港的石貝デリス農場種植五甲，其他如臺中太平大寶農林部、臺中州中野農場、員林郡二水庄增澤氏及帝國製糖株式會社等都參與種植。一九三六年至一九三九年間，農業試驗所在臺灣全島栽植五十萬株以上的魚藤，直到戰後在臺灣繁殖的南洋種魚藤，都是這批種苗的繁衍。[21]

農事試驗場的報告中特別指出，魚藤有別於其他旱作作物，其栽培期較長，相對地資金回收較慢，對於一般急需資金週轉的小農家來說十分不利，因此最有效率的方式，便是透過大企業種植的形式推廣。當時一般農家種植魚藤可能有幾個考量：其一是希望增加自家用的驅蟲劑，特別是對種植棉花的農家而言，經常要灌注魚藤藥劑驅蟲，因此自行種植魚藤有經濟上的優勢。其次是做爲間作作物而出現，例如在南洋是與胡麻樹間種，在臺灣則適合與咖啡樹、茶樹或果樹等共同出現。南洋地區的魚藤種植，又做爲輪

20 《でりすに關スル調查及栽培試驗成績》，臺灣總督府農業試驗所報告第七四號（臺北：臺灣總督府農事試驗所，一九四〇），序：恆畑護，〈馬來のデリスに就て〉，《臺灣農會報》，卷四號九（一九四二年九月），頁六六—八四。

21 《でりすに關スル調查及栽培試驗成績》，頁一。

種形式存在，其莖幹及枝葉可做爲綠肥，這種輪作方式也適合在臺灣推廣。[22]

不過就實際的調查發現，雖然魚藤栽培在肥料及農藥上需求不高，但對於勞動力負擔不小，前期的開墾作業、除草工作，以及後期的採收階段，都需要大量人力。整體來說利潤並不高，以嘉義一處魚藤種植園的經驗來看，每甲地種植魚藤投資約為一，〇〇五円，收成約爲一千兩百円，僅有九十五円左右的利潤。農事試驗場所推估的利潤稍高，認爲種植魚藤每甲地的利潤可以達到二一三円。[23]無論每甲利潤是九十五円或二一三円，魚藤種植投資大、資本回收期長的特點，亦確實對一般小農家較爲不利，所以總督府的推廣態度，在魚藤移植事業中扮演重要作用。

一九四一年起總督府訂定魚藤種植三年計劃，配合日本國內的需求，希望種植面積達到二·九萬畝，至一九四三年全島種植面積已達二八，一一五畝，年產量達八十六萬公斤，接近總督府訂定之目標。栽培地區以花蓮最多，特別是新城、玉里等地產量最高，臺中次之，臺南、高雄也有相當面積。日本在臺灣的魚藤推廣工作，林業試驗所、農事試驗場等機構積極繁殖種苗，由總督府免費提供在各地栽種，使得一九三〇年代末期臺灣魚藤種植十分興盛。但是這些生產的魚藤根都由總督府統一收購，不少大型種植場也都是由各地糖廠、日農、臺灣生藥會社等企業經營，頗具殖民地經濟色彩。臺灣總督府推廣魚藤種植，係採用公定價格收購的方式，臺灣拓植株式會社、大日本製糖、杉原產業、住友物產及南榮產業等是主要參與魚藤栽培的大企業，以一九四四年的產量來看，約三七％供島內使用，二二・四％輸往朝鮮、中國東北及華北，其餘三九・八％提供日本國內使用。[24]

一九四三年京都帝國大學的宮島式郎來臺調查魚藤栽培情況，他注意到臺灣的魚藤栽培主要在臺中、花蓮港、臺東等地，其中臺中最早實施栽培獎勵、成立栽培組合，以及協定價格等政策，因此栽種規模領先全臺。一九四二年總督府在臺北成立臺灣デリス蒐荷配給組合，負責全島的統一收購工作，全臺灣魚藤根產量大約可以達到一百萬斤。不過宮島也指出，臺灣島內的魚藤藥劑製造，仍舊屬於初級加工，並未進入到工業精製階段。[25]

22 《でりすに關スル調查及栽培試驗成績》，頁一一一—一一六。
23 北村忍富〈本島ニ於ケル某大農場經營ニ關スル調查〉（臺中：臺北帝國大學附屬農林專門部卒業報文，一九四〇），頁一五二；《でりすに關する調查及栽培試驗成績》，頁三一。
24 李毓華，〈臺灣之魚藤〉，《臺灣銀行季刊》，卷六期一（一九五三年九月），頁一〇七；程暄生，〈臺灣之魚藤製造事業〉，《農業通訊》，卷一期六（一九四七年六月），頁二五。
25 宮島式郎，《デリス》，頁三一〇。

對臺灣魚藤農藥栽培、製藥事業最爲積極的，是日本農藥株式會社。隨著該公司在日本本土、滿洲、華北事業的擴大，必須極力向外尋求穩定的魚藤原料來源，因此也響應總督府的提倡，來臺灣開闢魚藤種植園。一九三八年由董事三島進、試驗場場長新開悟組成的考察團來臺調查魚藤製藥事業的環境，並隨後向總督府遞交設立農場的申請。根據日本農藥株式會社所提出的魚藤栽培事業計畫書，在需求量方面，前三年希望能達到魚藤根七十噸的產量、第四至六年要生產一百二十噸，七年以後要年產一百八十噸的規模，才足夠該公司在帝國圈內各地工廠的需求。配合產量，日本農藥株式會社在臺灣投資的種植園面積將高達二六八甲，雇用農工二五三人。總督府同意該項計畫，協助在臺南州北港郡北港街後溝仔取得未墾地六十甲，以及由總督府提供的四八．七甲，共百餘甲的土地做爲第一期投入；另外，日本農藥株式會社也在其他地方尋求土地。該項農場建設屬於國策事業，得到當局大力支持，一九三九年日本農藥株式會社社長夏目廉介親自出席動土儀式，一九四〇年完工正式運作，首任場長由日本農藥株式會社農事試驗場的場長新開悟擔任，可見對臺灣種植事業高度重視。可惜的是，日本農藥株式會社魚藤農場的生產並不順利，連續遭受戰爭延誤、天災影響，幾經努力，至一九四五年達到年產乾根二十四噸的成果；總計一九四三年至一九四五年間該農場以虧損二十萬六千零三円作收。[26]因此儘管如日本農藥株式會社這樣大規模的企業，且已在小笠原群島有成功的栽植經驗，但在臺灣的種植事業仍受到天災影響，導致虧損甚鉅，所以魚藤栽植的風險也不能忽視。

一九三〇年代末期，日本在臺灣也建立初級加工廠，從事魚藤的加工製造。這些加工廠包括大日本製糖株式會社臺中工廠（年產量一百八十公噸）、石貝邦作デリス粉碎工廠（屏東，年產量三十五公噸）、東臺灣デリス株式會社船津工廠（年產量五十公噸）、東臺灣デリス株式會社溪口工廠（年產量三十公噸），以及杉原產業株式會社高雄工廠，除杉原廠能調製蓬萊米用的魚藤農藥，主要針對島內市場外，其餘各廠都是魚藤根的加工磨粉作業，並未具配調製藥劑的能力，以出口到其他地區加工爲主。設備規模以臺中廠最佳，已全面機械化；其他各廠還有部分仍舊利用石磨加工。一九四四年以後，由於太平洋戰局逆轉，日本航運受到威脅，使得魚藤輸日困難；加上臺灣缺乏糧食，因此魚藤種植面積快速減少、良種流失。[27]此外，盟軍的空襲也造成魚藤加工廠不

26 《社史日本農藥株式會社》，頁二二四—二三〇。

27 王鼎定，〈臺灣之魚藤〉，《臺灣農林月刊》，卷二期十（一九四八年十月），頁二九—三〇；李毓華，〈臺灣之魚藤〉，頁一〇七。

小損失，例如花蓮港的東臺灣デリス株式會社於一九四四年十月空襲中遭炸毀，生產暫告停頓，戰後接收時僅餘空殼而已。[28]這些損失使得一九四五年以後臺灣魚藤栽培事業中斷，須待戰後重啓爐灶。

四、魚藤故事的延續與啟示

戰時日本的魚藤事業不僅在臺灣栽培然後販售至東北亞各地而已，太平洋戰爭爆發後，南洋地區的魚藤生產業納入其支配中，所以日本在中國東北、華北設立的工廠，大量存放有產自臺灣、南洋的魚藤原料。[29]這些原料，更成了戰後中華民國農業藥劑製造的新里程碑。在上海的國營農藥工廠，一九四七年接收復工後，依照原先日本會社生產益廝子殺蟲藥、毒魚藤石鹼粉的配方，混合魚藤粉、除蟲菊及樟腦配製藥劑。一九四八年國民黨臺中市黨部特別致函農林部，說明臺中地區有眾多魚藤栽培業者，希望能與當地合作擴大採購。[30]此時中國農藥製造廠所承接的魚藤藥劑生產經驗，可以說是來自日本殖民地經驗。

無獨有偶地，戰後初期臺灣也提倡魚藤的栽植與出口，而戰後恢復經營的日本農藥株式會社，其明星產品デリス石鹼和デリス粉劑，直到一九六〇年仍繼續存在。[31] 意味著雖然面臨DDT等新式有機化學農藥的競爭，但至少戰後初期這種藥用作物在東亞仍然延續種植。通過魚藤栽培與使用，可以發現來自臺灣殖民時期的經驗，戰後影響中國大陸的農業化學利用，這是過去相關研究中較少提及的。這種差異又反映了現代化過程中，中日之間政治、社會、經濟及文化等各方面的不同，十分值得探討。

廿世紀是農業化學知識發展快速的時期，大大改變了人們對環境的控制力，可以說是促成人口成長、都市化、商品貿易乃至食品化工業成長的重要基礎。其中特別是農藥的引進，帶來對應病蟲害方法的革命性突破，其調製藥劑、施灑手續以及避免藥害等，都需要培養農民具備相當的現代智識，因此可說是農業現代化的指標。通過魚藤

28 〈臺灣デリス工業株式會社清算案〉（一九四六年八月），國史館臺灣文獻館藏，《行政長官公署檔案》，典藏號〇〇三三二六七〇〇〇〇六〇〇四。

29 「Memo by G. Probst」（一九四六年十二月），〈東北區特派員辦公處轉呈顧問浦世德視察病蟲藥械製造實驗廠報告〉，中央研究院近代史研究所藏《農林部檔案》，檔號二〇－一六－一四七－〇七。

30 「中國國民黨臺中市黨部公函」（一九四八年六月），〈三十七年臺中市黨部介紹病蟲特效劑「德利司」專家「梁天送」〉，中央研究院近代史研究所藏《民國時期檔案》，檔號二〇－一二－〇五一－一二九。

31 《社史日本農藥株式會社》，頁五〇〇－五〇三。

做爲個案，可以觀察到廿世紀歷史發展中兩個重要的線索：其一是以魚藤藥劑爲代表的近代農藥生產，其發展條件、市場競爭、原料生產以及國家立場扮演重要角色，日本政府對魚藤製藥業者的支持、臺灣總督府配合推動的栽培事業等，都使得魚藤種植及藥劑製造事業在日本帝國圈內得以發展爲重要產業。其二，同樣做爲接踵歐美農業化學科學的農藥事業，魚藤的認識利用，事實上並不存在先進歐美經驗移植東亞的範式，反而是東亞科學家同時接觸、認識這種新作物，從而發展出獨特的栽培、加工與製造產業，藉由探討這種「西方經驗」接受與發展分析，從而對新興現代事業之引進有更深刻認識。

總而言之，本文以魚藤這種農藥作物，在東亞地區的認識、移植與產品流通爲線索，希望探討新物種引進的政治、社會和經濟條件，從物質層面分析此一農業化學的現代化事業，在中日之間接受與發展的差異。由魚藤的利用出發，擴展到學術與產業合作、作物栽培及政府角色等各層面的課題，藉此一窺農業現代化中來自國內外社會經濟等各種條件的角力。特別是在今天環境主義發展的趨勢下，農藥乃至農業化學不僅是生產面的討論而已，更關係到環境開發、環境破壞等問題，植物性農藥之佼佼者魚藤也重新受到重視，因此本文探討此一課題無疑十分具有當代意義。

清末民初舟山群島海域的漁鹽與水產加工

——以黃魚鯗、螟蜅鯗爲中心的考察*

江豐兆
國立清華大學歷史研究所博士候選人

一、前言

舟山群島懸於浙江省杭州灣東方，列嶼星羅棋布於海面，大小島嶼約略數百個。在行政區劃上，清康熙二十七年（一六八八）在此設置定海縣，屬浙江寧波府；道光二十一年改設定海直隸廳，其範圍包括了舟山本島與普陀山等群島、舟山東北的岱山列島、衢山列島，還有岱山列島以西的中街山列島等地。到了民國元年（一九一二）國民

* 本文根據筆者於二〇二二年十一月廿五日參與「近代知識譜系中的動物與植物」工作坊發表之會議論文稿件加以改寫而成，感謝侯嘉星教授的評論與提點，筆者受益匪淺。

政府廢直隸廳重新設置定海縣，受浙江省管轄（其疆域包括現在浙江省舟山市下轄的定海縣、岱山縣、部分嵊泗縣等範圍）。[1]

舟山群島良港衆多，漁產豐富。其周遭水域爲大陸棚地形，棚下屬於砂質泥土，地勢起伏相對平坦，又位於錢塘江出海口，寒暖流流經，浮游生物、海洋生物大多在此匯集，棲生繁殖、洄游產卵，孕育成多樣性的水下生態圈。數百年下來，以大小黃魚、烏賊等漁場區域最盛，江、浙二省內地的漁民、漁商，也會前往舟山群島進行捕撈或買賣。[2]

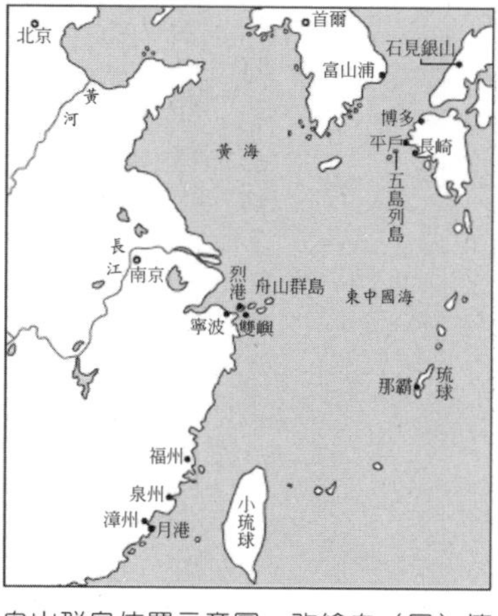

舟山群島位置示意圖。改繪自（日）檀上寬著，郭婷玉譯，《陸海的交會》（臺北：聯經出版社，二〇二一），頁一五六。

由於水產魚介類的體內含有大量水分，比起陸地上的生物更容易腐敗。在冷藏冷凍等現代設備普及前，一般業者運用「鹽藏」來保存漁獲，是最爲經濟簡捷之法。[3]舟山群島在北宋初年便設有鹽場生產食鹽，但是鹽灘地面積較窄，大多時候產量僅能供給群島居民食用，或在漁船上用來保存漁獲。自古鹽業與漁業關係緊密，漁業的繁榮也會帶動鹽業的發展，舟山群島亦是如此，家家戶戶幾乎依賴「魚鹽之利」維生。[4] 本文即以此爲起點，試圖透過地方志、政書、調查報告、報章雜誌等材料，考察舟山群島「魚與鹽」結合而成的水產加工食品——「鮝」（讀音同「響」字）的製程、工序的環節，以及一般百姓的食用情況；並兼談該區域的鹽業和漁業用鹽的發展。以下就相關議題分項討論之。

二、舟山群島的海洋漁獲與水產加工商品

中國浙江省沿岸，海岸線綿延二千一百餘里，又地濱東海，漁業發達號稱各省之冠。舟山群島距蘇州、松江、嘉興、杭州、紹興、寧波等江南市鎮不遠，縣城至寧波府

1 陳訓正等纂修，《定海縣志》（臺北：成文出版社據民國十三年鉛印本影印，一九八三），卷一，〈輿地志・形勢〉，頁四二—四三。
2 不著撰人，〈舟山羣島及嵊泗列島漁業調查報告〉，《實業月刊》，一九三八：三，頁一〇五。
3 李士豪、屈若搴，《中國漁業史》（上海：商務印書館，一九三七），頁二一〇。
4 實業部國際貿易局編纂，《中國實業誌・浙江省》（臺北：宗青圖書據民國二三年版影印，一九八〇），〈第五編・水產及漁業〉，頁一—二。

水程在一日以內，致遠者可達福建省的福州、廈門，粵省的港、澳之處，甚至南洋。由於運輸交通發達，舟山群島自古以來便是供應沿海城市海錯食品的主要據點。從現存的記載來看，沿海城市居民的水產消費，粗略可以分爲鮮食水產和加工水產兩大類，以下分別述之。

（一）鮮食水產

1. 冰鮮：

冰鮮即是將漁獲捕撈至船上後，用事先準備的船艙冰窖，加以冰藏。冰鮮的漁獲水產以大黃魚、小黃魚、墨魚、帶魚、鯊魚、鰳魚、鯧魚爲主，亦有鰈魚、鯛魚、鯽魚、鮑魚、海蜇、淡菜、蝦蟹等，只要能夠保持新鮮，都能透過冰鮮船運輸至沿海市鎮販賣，主要販往上海、寧波二地。[5]

冰鮮船的起源甚早，在南宋便有記載，明清兩代則成爲舟山群島重要的水產運輸方式之一。地方志記載，舟山港口漁船密集，街巷居民冬天會搭建「冰廠」窖冰，以藏冰爲業。在隔年初夏「開廠」，售予漁業船主，是一筆不錯的收入。在沒有製冰機的年代，爲了防止在冬天從戶外擷取的冰雪快速融化，製冰業者會有次序地將冰雪與鹽混合，通常會一層鹽一層冰雪，不斷疊加使其成爲冰磚；並將冰磚放入地下封固、窖藏。據說此法可使冰磚放到夏天也不會融化。即使在炎熱的夏天，船艙冰窖也能確保消費者在購買漁獲時保持新鮮。[6]

2.鹹鮮：

另一類爲鹹鮮，即是將漁獲捕撈上船後，不用冰藏，而放入用大量食鹽調製的鹽水桶中保存。食鹽的防腐力大於冰磚，儲藏日期可以延長二至三日，銷售之處也較爲廣遠。漁獲種類以大黃魚、小黃魚、比目魚、馬鮫魚、帶魚、鰻魚等等爲主，不過畢竟泡過鹽水，味道比起冰鮮漁獲，當然談不上佳美了。[7]鹹鮮水產主要也銷往上海、寧波，

5 相關研究可以參考李玉尚，〈明清以來中國沿海大黃魚資源的分布、開發與變遷〉，《生態史研究》第一輯（上海：商務印書館，二〇一六），頁一〇〇—一二三；李玉尚、胡晴，〈清代以來墨魚資源的開發與運銷〉，《思想戰線》，二〇一三：四，頁一三六—一四二；李玉尚，〈乾嘉以來小黃魚漁業的開發與市場體系〉，《中國農史》，二〇一三：五，頁五九—六九。

6 張居正，《張居正集》第三冊（武漢：湖北人民出版社校注本，一九九四），卷三九，〈雜著〉，頁七〇八。又見朱國楨，《湧幢小品》（北京：文化藝術出版社標點本，一九九八），卷十五，「藏冰」條，頁三三二。以及知味，〈余家夏令之食譜〉，《婦女時報》，一九一五：十七，頁三八。

7 實業部國際貿易局編纂，《中國實業誌・浙江省》，〈第五編・水產及漁業〉，頁三四—三九。

價格上比冰鮮還低廉。

（二）加工水產

冰鮮水產與鹹鮮水產，在現代冷藏冷凍技術發達以前，很容易受到外在環境因素的影響，導致商品腐壞。比起鮮食水產，「水產加工品」才是當時普遍的海錯食用方式。爲了延長食材的保存時間，水產加工不脫乾製、鹽藏兩種製程，目的是用來撲滅細菌，或不讓細菌附著與滋生。這在一般常民百姓的家庭裡，也是常見保存食物的方式，並不稀奇。不過，若要對肉質豐美的魚類進行加工，既可延長保存期限、又能兼顧味美無腥，則須乾製、鹽藏二法混用。[8]這樣的加工技術要求較高，也得講究原料新鮮、工序精良；製作環節則更仰賴天時（天氣條件）、地利（廠房環境）、人和（製作者的經驗）的配合。此種獨特的水產加工方式稱之爲「鮝」。

人們對於鮝製品的喜愛，據說在春秋時代便已出現，但比較詳實且確切的記載是在宋朝。據說宋人愛吃魚鮝，特別喜歡江浙外海出產的海魚來製鮝，譬如帶魚、大小黃魚、鯖魚、鰻魚、鯔魚、銀魚等魚種，肉質肥厚鮮美，最爲合適。料理魚鮝的方式也很多元，魚鮝種類的不同，也會分爲烤食、燉煮、滷燒等不同烹調方式，各有不同的飲饌滋味。宋代食鯗風氣就已經相當普遍，《夢粱錄》內曾載杭州城內外販賣魚鯗的「鯗鋪」就有一、兩百家以上的規模。[9]明清時期，食鯗風氣並未減退，明代人鄭若曾（一五〇三－一五七〇）就談到浙東人將漁獲「曝魚成鯗」，運至寧波、紹興、溫州等地販賣，銷路很好，獲利超過數萬金。[10]到了民國初年，魚鯗在江浙二省相當普遍，城市內只要前往商店街上的醃臘行便能購得，是老百姓日常飲饌中常見的食材。[11]

不過，魚鯗製作需要新鮮漁獲做爲原料，除非地處海濱，否則不易獲得。舟山群島周遭水域正好是浙江省最大的近海漁場，島上亦可自產食鹽，具有水產加工業的先天

8 不著撰人，〈舟山羣島及嵊泗列島漁業調查報告〉，《實業月刊》，一九三八：三，頁一〇四。

9 陳清茂，〈宋代海產加工及其食用評價——以宋詩為討論依據〉，《中國飲食文化》，卷八，期二（二〇一二），頁一一三－一一四。

10 鄭若曾，《江南經略》，收入《景印四庫全書》第七二八冊（臺北：商務印書館據國立故宮博物院藏本影印，一九八三），卷八上，〈黃魚船議一〉、〈黃魚船議二〉，古籍頁十九b－二四a，新編頁四三五－四三八。

11 在上海東亞同文書院調查，〈第五編．招牌．第三章　招牌ニ用ワル及特別的文言〉，《支那經濟全書》第七輯（不詳：東亞同文會發行，明治四十二年一九〇九），頁三四四。收入日本東亞同文書院主編，《中國經濟全書》第十三冊（北京：線裝書局，二〇一五），頁四〇四。

優勢。清光緒朝以後，隨著近海漁業的蓬勃發展，爲了保存盛產的漁獲以利販賣，製鮝業自然也成爲舟山群島最重要的民生產業之一。在眾多魚鮝製品中，以「黃魚鮝」和「螟蜅鮝」（烏賊鮝）爲主力商品。[12]以下分節討論之。

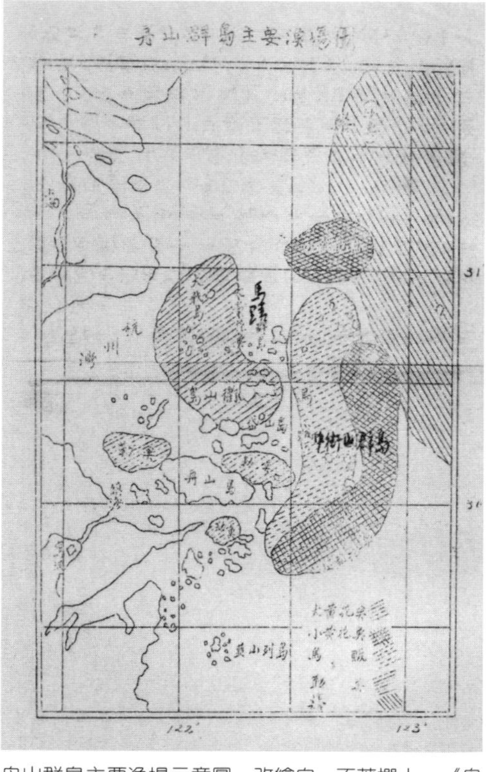

舟山群島主要漁場示意圖。改繪自：不著撰人，《舟山羣島烏賊漁業調查》（出版地不詳：出版社不詳，出版時間不詳），頁三。

三、「曝魚成鮝」：黃魚鮝的製作與食用

黃魚（大黃魚）的漁場就在岱山列島周邊，包含衢山列島、黃大洋（舟山本島東

方水域）一帶的海域。黃魚漁期在每年春夏之交開始（陰曆的四、五月是最重要的漁期），長達三至四個月。根據民國二十三年（一九三四）《浙江省實業志》的記載，黃魚每年漁獲產值在四百萬元至五百萬元之間，其漁獲有半數以上直接在鄰近的岱山、衢山島上製作黃魚鯗。當地居民大多以此爲業，漁廠不下數百家，是當地最龐大的水產加工產業。

（一）黃魚鯗的製作

黃魚鯗俗稱爲「白鯗」。江浙居民食用魚鯗的傳統雖然淵遠流長，但在製作技術方面，似乎除了「用鹽醃之」、「曝乾」兩個原則並存之外，詳細製作環節幾乎未有更寫實的記載。也經常有加工無定準、品質失當等現象，爲人所詬病。[13]

從民初當地的水產加工業調查報告來看。黃魚鯗的成品有四種類別，分爲老鯗、淡鯗、潮鯗、瓜鯗等四種；加工環節依序爲「破體」、「去鰾膠」、「抄鹽」、「鹽

12 實業部國際貿易局編纂，《中國實業誌・浙江省》，〈第五編・水產及漁業〉，頁三二〇。
13 實業部國際貿易局編纂，《中國實業誌・浙江省》，〈第五編・水產及漁業〉，頁三二一、三二〇。

漬」、「浸漬」、「日乾」等六個步驟。以下分別述之：[14]

1.破體：又稱「脊開」，即是將魚體進行大範圍的剖切，以利後製。（1）老鯗的切法最爲繁複：「將魚體尾部向前，脊部向右，用左手壓固頭部，乃以右手之刀，自左側肛門起斜向背部，沿脊鰭進行，垂直切下，至抵脊骨處，即向腹部平斜、直向頭部切下、截至上顎骨爲止。而在切口起端須成圓弧狀，再於尾部縱劃一刀。」此種切法將魚體切開攤成平面狀，一面爲魚肉面，另一面則是魚皮面。（2）淡鯗、潮鯗的破法原理與老鯗大致相同，只是在運刀上刻意讓魚體外形與老鯗相異，以示分別。由於篇幅有限，在此不再細述。（3）瓜鯗則不「脊開」，刀於「鰓蓋下一寸處，自腹部至脊部，斜切一刀；又自肛門左右處，與上刀痕平行，劃一刀；再將魚體翻轉於近脊鰭處縱切一刀，深及於骨。」大體來說，老鯗、淡鯗乃取魚體原料「體大肉厚」且新鮮者爲要，而潮鯗次之；瓜鯗則大多

清末《水產畫報》中的黃魚寫真。不著撰人，《水產畫報》，一九一一：一，頁一。

爲「形小不甚新鮮者」，商品價格亦以此爲高下。此工序通常需要聘請熟練的刀手進行，每擔工資可獲五十至一百文之間。

2.去鰾腸：即切除魚體內臟，俗稱「拔膠」。將破體後的魚體，抽去其鰾，置入收集桶中。再取出魚白、魚卵等內臟，丟入於鰾腸桶中。老、淡、潮三鯗同樣工序，只有瓜鯗「拔出其鰾，而腸卵等則殘留腹內也」。此工序簡易，通常臨時聘請女工或童工執行，工資每大簍十文。

3.抄鹽：即上鹽的工序。魚體去掉鰾腸後，不需要過水洗淨，即將魚體插入堆積大量食鹽的鹽盤之中，接著用食鹽平均地抹上魚肉面，再把魚體的肉面相疊在一起，並一起放入旁邊預備好的鹽漬木桶。木桶中堆積的用鹽量，原則上是原料整體重量的三至四成。調查報告中也特別寫到，岱山的加工工人似乎很少過秤，都以個人經驗來評估用鹽

14 以下細述工序的過程，筆者爬梳了民國九年、十年、二十二年等三種實地調查報告，分別為〈浙江定海黃魚鯗螟蛹鯗調查報告〉、〈岱山黃魚鯗調查報告〉、〈岱山製鯗實習記〉。隨後進行整理成該小節文字。這三份報告乃現場觀察製鯗流程後的記述文字，細節縝密，可信度甚高。筆者在此先徵引出處，為避免引用龐雜，本小節便不再標明出處。詳見張毓騄，〈浙江定海黃魚鯗螟蛹鯗調查報告〉，《水產》，一九二〇：三，頁一—十二；第六屆製造科，〈岱山黃魚鯗調查報告〉，《水產》，一九二一：四，頁十七—三九；姚咏平〈岱山製鯗實習記〉，《浙江省建設月刊》，卷六期十（一九三三），頁一—十。

量，且總是「甯多爲佳」。

4.鹽漬：鹽漬容器用圓形木桶，大小皆有。先將桶底鋪一層食鹽，再將已進行過抄鹽手續的魚體背部向下、頭部向外，依次迴轉排列一層，再灑上食鹽一層。接著重複上一道手續，直到容器九分滿時，再鋪上一層食鹽至滿桶，接著用竹簾覆蓋，再壓上石頭加固。老、淡、潮三鯗皆同樣工序，只有瓜鯗「亂置無妨」。

5.浸漬：鹽漬木桶隨著時間流逝，鹽分會滲透至魚體體內。浸漬的時間也有分別，潮、瓜二鯗只需三四天；淡鯗大約五日，而老鯗則五日到七日。不過，若遇雨天連綿，則需十日到二十日，且須待天氣晴朗時，才可取出魚體。浸漬在鹽桶裡的魚體稱爲「滷片」。

6.日乾：選擇天氣晴朗的日子，上午取出鹽漬桶內的魚體，先在鹽滷中洗滌一回；接著在預先鋪好竹簾或稻草所編的薦子上，將魚體排列整齊，受日光、風力自然乾燥，下午將魚體翻轉一次。傍晚日落之時則收回屋內，明日再曬。乾燥過程中最忌諱遇到雨淋，成品若沾到雨點，便會出現黑點，成色大壞。若陰雨超過四、五日以上，則必須將魚體重新上鹽浸漬、重新日乾，耗費成本甚鉅，小店家容易血本無歸。再者，老、淡、潮、瓜鯗日乾的過程，也有所差異：（1）老鯗魚體較大，需要在八至十二天的晴朗天氣裡乾製，直到魚體骨髓中毫無濕氣，最後的乾製成品重量僅有原料的四成。（2）淡鯗乾製的工序與老鯗相同，但在乾製之前，不用鹽滷洗滌，而是用大量淡水浸淡。最後成品重量大約原料的四成。（3）潮鯗只需一日乾製，成品重量大約爲原料的五成半。（4）瓜鯗則須約二至三天乾製，由於魚體未經「脊開」，日曬時須刻意將魚鰓打開，其餘手續相同；最後成品重量大約爲原料的六成半。

完成上述六個環節，黃魚鯗便能包裝販賣，依曬製的成色好壞分爲大花簍（約二百斤）、小花簍（約一百斤）兩種容量包裝。簍中以稻草分層、覆蓋魚鯗。成色最好的淡鯗，按照民國九年（一九二〇）的調查，市

岱山乾製黃魚鯗現場寫真。不著撰人，〈製鯗實習〉，《浙江省立水產職業學校校刊》，一九三〇：四，頁二十一二一。

價每百斤能賣十八元左右；老鮝每百斤能賣十六元左右；潮鮝九．五元，瓜鮝僅八．五元。這四種黃魚鮝的主要銷路、銷售時間也略有不同。

從表一來看，最大宗的消費者以浙江省沿海的城市居民為主。相當符合宋代以降浙人喜食魚鮝的傳統。值得注意的是，潮鮝的乾製日最短（僅一日），包裝販賣之際鮝體還會帶著鹽水（故稱為「潮」）。潮鮝多販往江蘇吳淞一帶，這或許是吳越人在飲食習慣上，比起食鮝更喜愛「鬻鮮」之故，潮鮝很可能被視為是鹹鮮海錯的一種。

（二）黃魚鮝的食用與料理[15]

黃魚是江浙居民食用海魚的大宗。許多明清吳地的士人在飲饌詩中，大力讚賞黃魚（又名石首魚）肉質肥膩鮮美，是「為魚中之最」，評價超過鱸魚和河豚。每逢新魚上市，饕客必當重金以求嘗鮮，典當也在所不惜。[16]黃魚即使拿來製

表一　民國九年舟山群島黃魚鮝銷售狀況

商品名	進貨最多的城市名	銷售時間（舊曆）
淡鮝	杭州、紹興	端午起至六月底止。
老鮝	杭州、紹興、寧波、溫州	六、七月起至翌年二月止。
潮鮝	吳淞、乍浦、滸浦、瀏河、蘇州	四月中起到端午後止。
瓜鮝	杭州、紹興、寧波、蕭山、聞家堰	四月中起到端午後止。

鯗，也令人回味無窮。譬如清中葉著名文人袁枚（一七一六—一七九七）所著的《隨園食單》，曾記載了數道以黃魚鯗製作的料理，盛讚其味道「肉軟鮮肥」、「食之絕妙」。[17]

以黃魚鯗爲主角的料理，以燉煮爲多。然而，若按黃魚鯗的製作工序來看，市上買來的白鯗並不能直接食用，還得費工刮除魚鱗方可進一步料理。也許去鱗的技術難度較高，民國初年坊間報刊曾提供「小撇步」，說是先將白鯗蒸過放涼後，「待皮鱗稍分離之時」，即可輕易用刀刮下。這不知拯救了多少新手廚娘。

「白鯗乾煮肉」應該是尋常的家庭美饌。做法簡單，將洗淨的肉塊放入清水裡煮到七至八分熟時，再加入切塊白鯗、佐料一齊燉煮即可。以此爲基礎，能變化出好幾道佳餚。譬如以酒代水、略加醬油、撒入豬油塊少許入鍋，燉在飯鍋上，再添加斬細的肉，

15 本段史料引用多種，若無其他註腳，則大多來自民初的報章雜誌報導，分別為《家庭常識（上海）》、《婦女雜誌》、《婦女時報》、《紅雜誌》等。為避免註腳繁瑣，在此先一併說明。

16 邱仲麟，〈冰窖、冰船與冰鮮：明代以降江浙的冰鮮魚業與海鮮消費〉，《中國飲食文化》，一：二（二〇〇五），頁八七—一八八。

17 袁枚，《隨園食單》（上海：上海古籍出版社據上海圖書館藏清嘉慶元年（一七九六）小倉山房刻本影印，一九九七），卷二，〈特牲單〉頁六六一；卷三，〈水族有鱗單〉頁六七五。

即是「肉燉鮝」；舉一反三，若加了茄子、豆腐同燉，就稱爲茄子燉鮝、豆腐燉鮝。燉煮之外，黃魚鮝也能煎食。譬如有菜餚名「麵塗鮝」，做法是先把鮝體切成方塊，再用重蔥、重糖蒸之；接著另備麵粉和水，加入蔥屑、薑末等佐料，攪拌成厚漿狀的麵糊；再來將麵糊均勻塗在鮝體上，下鍋油煎至鬆脆即可。據說這道是江浙人在夏季的家常料理，口感與鮮美並俱。

倘若有機會買到品質佳美的黃魚鮝，料理上便可捨去醬油調味，專以清水與美酒燉煮；接著，鋪上時令鮮蝦後蒸熟之，即是一道擁有雙重海味的味覺饗宴。抑或是將上好的黃魚鮝、全雞（已抽出腸雜）與當季鮮筍一同燉湯。此道酒可稍多、鹽則宜省，以文火徐徐燉之，號爲「神品」。其做法看似與吾輩較爲熟知的「醃篤鮮」差不多，光讀文字便令人食指大動。

總體而言，江浙各地飲饌風氣略有差異，但從上述的菜品名目來看，黃魚鮝質量雖有等次之差，不過價格實惠、取得容易，料理門檻也不高，家家戶戶都可烹調，美味與營養兼而備之。無怪乎有記載說，新鮮的白鮝甫一上市，「菜市之上、街巷之間，觸目皆是此物」，家中老小無不翹首盼望大吃一頓。

四、「盤飣上品」：螟蜅鯗的製作[18]

「螟蜅鯗」是以烏賊做爲原料的水產加工食品。烏賊又稱墨魚、纜魚、烏鰂。[19]烏賊因「其腹有墨」，在明清地方志的記載中多稱「墨魚」。捕撈漁場在馬鞍列嶼（位在嵊泗列嶼東方）、中街山列島（位在岱山群島東方）一帶爲主。每年五月上旬，是烏賊產卵初期。此時的烏賊肉質肥厚，製鯗最佳，稱之爲「頭水烏賊」。之後每半個月爲「一水」，時間過了「三四水」烏賊產卵後，肉質漸薄，便漸漸不利做爲螟蜅鯗的原料了。

由於漁期僅有四、五兩個月，烏賊習性群棲在海底岩礁之間，若使用捕撈黃魚的大莆網、對網或流網等漁具較無效率，大部分漁人主要使用拖網和籠捕。籠捕是民國十六

18 本節大部分文字乃爬梳〈舟山螟蜅鯗（烏賊鯗）之現在與將來〉、《舟山羣島烏賊漁業調查》兩份材料，並整理成該小節文字。為避免引用龐雜，本小節便不再標明出處。詳見陳仲平，〈舟山螟蜅鯗（烏賊鯗）之現在與將來〉，《中國建設》（上海），卷七期二（一九三三），頁六一—六六；以及不著撰人，《舟山羣島烏賊漁業調查》（出版地不詳：出版社不詳，出版時間不詳），頁一—六三。

19 史至馴等纂修，《定海廳志》（上海：上海書店，一九九二），卷二四，〈物產・魚之屬〉，古籍頁五五，新編頁三一六。

年（一九二七）溫州漁人針對烏賊習性設計的捕獲方式，必須在潮水初漲之時，漁人駕一小舟，載以長繩索拖繫的竹簍數十個。並在竹簍內放一隻活牝烏賊爲餌，附近烏賊便會尋著牝烏賊的聲音游入竹簍中，漁人以逸待勞即可。

漁船裝載烏賊回港後，要趁鮮立即送至附近的加工廠房中製鯗。螟蛹鯗製作方式仍是依循舊慣。詳細製造工序以下分別敘述之：[20]

（一）剖鯗：即是清理烏賊內臟。一般來說剖鯗大多在上午進行，當地婦女用刀剖開烏賊體前腹，取出腹囊；接著將烏賊頭部切

烏賊簍和籠捕示意圖。李士豪、屈若搴，《中國漁業史》（上海：商務印書館，一九三七），頁五。

開、碎開眼珠，將各腔室內的汁液排出，並順手將內臟刨除。接著再使用海水洗去殘留墨汁，接著將洗淨後的烏賊體放置在曬場上的「曬架」（爲方便展開烏賊體的特製木架或竹架）上。

（二）乾製：烏賊體在乾製的過程中，要隨著陽光改變方向，務必正對陽光。日落後則收回屋內，疊在竹架上持續風晾，隔日再搬到曬場曝曬。烏賊體從洗滌至乾製完成，晴天約二日半，陰天則要三、四日不等。乾製期間若遇雨，則用篾簟遮蓋曬架。若雨來一日，只須注意烏賊體不受淋及即可。但雨霖若超過三天以上，成鯗的品質與分量都會大減。若不幸遭遇陰雨連綿，也只能將烏賊體放入鹽簍中「鹽藏」，才不致腐敗。另外也可在連綿雨天裡，將烏賊體冷藏在冰桶中，等到天氣晴朗後，再用海水洗滌，重新進行曝曬乾製的流程，不過成品仍然不及天晴日來得佳美。

20 以下文字乃爬梳〈舟山螟蛹鯗（烏賊鯗）之現在與將來〉、《舟山羣島烏賊漁業調查》兩份材料，並整理成該小節文字。筆者在此先徵引出處，為避免引用龐雜，本小節便不再標明出處。詳見陳仲平，〈舟山螟蛹鯗（烏賊鯗）之現在與將來〉，《中國建設》（上海），期七卷二（一九三三），頁六一—六六；以及不著撰人，《舟山羣島烏賊漁業調查》（出版地不詳：出版社不詳，出版時間不詳），頁一—六三；另收入鄭成林選編，《民國時期經濟調查資料彙編》第十二冊（北京：國家圖書館出版社，二〇一三），頁一—六八。

（三）發花：烏賊體乾製完後，即可稱「鯗」。此時將其密藏在乾稻草裡面，等待數日後烏賊體便會「發紅」，再十餘日後「發白花」。如果原料新鮮、乾製過程也無礙的話，則「發花如雪」，乃為上品成色。但若原料本來就不新鮮，或是乾製有礙，則發花不美，甚至有不發花者。發花佳者，大約是原料重量的四分之一，肉厚質佳。乾製過程陰雨綿綿的話，成品可能只剩原料的十分之一而已，品質自然也就遜色許多。

大體來說，每四擔烏賊原料可製成一擔螟蜅鯗。清末民初之際，烏賊原料價格每擔最低時五、六元，最高十二至十三元之間，製成螟蜅鯗後，每擔可售五十元。扣掉鹽斤費用、廠房設備、人力工資等費用，利潤空間仍豐。製造廠房大多在舟山本島的定海縣境內，製鯗品質良好、遠近馳名，號為「盤飣上品」，銷路主要至江西、福建、廣東諸

雨天用箋篳遮蓋螟蜅鯗。不著撰人，〈墨魚鯗三圖〉《浙江省水產試驗場水產匯報》，卷一期三（一九三五），無頁碼。

省，內地川湘鄂諸省也有蹤跡，每年產值大約一百多萬元。值得一提的是，螟蛹鯗也相當受到南洋諸國喜愛。每年五月上旬，烏賊最爲肥美之際，粵商即派人到舟山各螟蛹廠駐守，隨時收買成品。當地人常感嘆舟山雖然是螟蛹鯗產地，但採買、銷售實權幾乎爲粵商所壟斷。到了民國二〇年代，成色最好的螟蛹鯗（以頭水烏賊爲原料，鯗品成色佳），幾乎都被販賣到南洋群島。

螟蛹鯗極富營養，飲饌方面大多被視爲補品，尤其對婦女有益氣強身之效，乃是產婦必吃的食材。在內陸離海洋較遠的省分，地方人士宴席常擺上螟蛹，以示珍饈饗客。此外，刨除掉的烏賊內臟，以重鹽醃藏（每百斤用鹽五十斤），成品味道甘美，稱爲「墨魚鰾腸」，大多做爲百姓的零嘴或下酒小菜，每擔三、四元，相當實惠，尤受溫州、台州居民喜愛。[21]

21 陳仲平，〈舟山螟蛹鯗（烏賊鯗）之現在與將來〉，《中國建設》（上海），卷七期二（一九三三），頁六四。實業部國際貿易局編纂，《中國實業誌．浙江省》，〈第五編．水產及漁業〉，頁三、一二、二三。

五、舟山群島的製鹽與漁鹽

由前幾個小節可以得知，傳統的水產漁獲的保存方法、加工方法，都與食鹽息息相關。鹽不僅是保存食物的防腐劑，也是調味料。些許的鹽巴即帶來的鹹感，能夠改善食物色香味。另一方面，鹽亦是維持生物機能正常運作的離子化合物（氯化鈉NaCl），人類或許可以不吃五穀雜糧，但卻無法不攝取鹽分。也因此，鹽在世界文明歷史裡，無論是經濟或政治層面，都具有舉足輕重的位置。

《蒙學報》教本裡的烏賊寫真。〈動物教本．烏賊〉，《蒙學報》（上海），一九〇六，卷三，頁三十。

「漁鹽」即爲漁業用鹽之名稱，該詞彙初見在民國七年（一九一八）公布的《鹽稅條例》中，乃特指用在漁業、加工業的鹽，可按低稅率徵稅。後來爲行語簡便，多縮稱爲「漁鹽」。在明清的記載中，若見「魚鹽」二字並陳，則意多指涉濱海地區的經濟生活型態，以捕撈魚類，或是製鹽爲生計，並未有專指漁業用鹽的概念。另一方面，在鹽稅的項目裡，有所謂漁鹽（泛指醃漬一般魚類之鹽）、蟹鹽（泛指醃漬甲殼類之鹽）、蟄鹽（泛指醃漬水母、海蜇之鹽）等名目。值得注意的是，上述品項的鹽質並未和常民百姓所吃的食鹽有所差異，製作工法也無不同。有差異之處，則是因爲產地的天候、地理、製鹽環節等條件差異影響了食鹽的成色。換句話說，漁鹽、蟹鹽、蟄鹽彼此間用鹽可以相互交換，也不會產生問題。會有名目上的不同，則是爲了區別鹽稅課徵的品項所致。

舟山群島周圍海域的島嶼群，宋代便設有鹽場，此處鹽灘地雖然不廣，但各島大都被海洋所環繞，製鹽原料的取得相對容易。清末民初時期，產鹽區域共二十九個，其中以岱山鹽場區域最廣、產量最豐。以下分別陳述主要的製造工序：[22]

（一）引潮製滷：將海潮引入已築好泥墩且富含鹽分的海灘地，即爲「塗場」。塗場每日歷經潮水潤，再經日光曬乾，假以時日，土質鹽分濃度日漸增高。接著用人力將塗場內的土壤「刮聚一處」，再將土塊置入地面下預先備好的木桶裡，然後以海水持

22 以下文字爬梳自周慶雲，《鹽法通志》（臺北：國家圖書館館藏民國七年（一九一八）上海文明書局排印本）；鹽務署主編，《全國場產調查報告書．兩浙》（北京：國家圖書館出版社據民國五年財政部鹽務署鉛印本影印，二〇一三）；財政部鹽務署編，《清鹽法志》（臺北：國家圖書館館藏據民國九年（一九二〇）鉛印本）等材料。為避免徵引頻繁，在此先行註記。

續澆灌，使鹽分在土塊中聚集，待海水浸透土塊時，自然會透出「鹽滷」（高濃度的鹽液），接著再將鹽滷存放在鹽滷桶中。而滷質適切與否，則全仰賴天氣陰晴。

（二）板曬製鹽：等候天氣晴朗之時，將長約兩公尺、寬約一公尺、深約五十公分的木製曬板陳列於鹽場上。天一亮就將鹽滷注入曬板中，正面迎向日光。受到自然的陽光曝曬、海風吹拂的影響，結晶作用旺盛，鹽結晶便不斷凝結為固體。到了下午五時左右，將曬板上的結晶體蒐集起來，即是鹽粒。大體來說，每年四月到七月，天氣炎熱，鹽滷品質較好、

岱山鹽場曬鹽寫真。林振翰編，《浙鹽紀要》（臺北：國家圖書館館藏民國十三年林振翰自編纂本），無頁碼。

曬鹽效率也較高，一板可以成鹽四、五斤；冬天氣候失時，則五、六日才可得鹽一斤或十兩。從鹽粒成色來看，夏、秋天鹽粒「色白粒大，光燦可鑒」；冬天則因陰雨，雜質不易散出，「鹽色黑而粒小」；而春天的鹽色較爲潔白。通常以夏秋生產的鹽爲最優。最後製成之鹽，則儲在鹽倉內，等待配運。

自從漢武帝施行鹽鐵專賣後，歷代王朝皆透過政府力量嚴密控制鹽業與鹽稅。五代以後，政府爲了保證鹽稅收入的穩定，將全國劃分爲數個產鹽地與銷售地的區域，稱爲「引界」。在引界區域裡，政府會管控每年產出的食鹽總量，稱之爲「引額」，並制定了一系列嚴格的規範：製鹽的竈民不能任意提高產能，商人也不可隨意跨越引界販賣食鹽；百姓也因居所的不同，會吃到不同產地的食鹽。譬如：杭州、寧波、舟山群島的舟山、岱山列島等地，在明清時代屬於「兩浙行鹽區」（範圍大略在今天的江蘇省南部環太湖區域、浙江省、安徽省南部鄰接江浙區域、江西省東北上饒市周遭區域），行鹽區內只能販賣、使用、食用浙江沿海產鹽地的鹽。無論商人或百姓，若販賣、使用、食用其他行鹽地的食鹽，即以走私私鹽罪處置。

舟山群島周圍海域的列嶼群，鹽灘地面積窄小，原本定居人口也不多，歷來鹽場裁撤頻繁。清初曾短暫設置岱山場一場，但又旋即撤銷，直到宣統三年才復設；隔年民國元年，才又在舟山本島增設定海場。然而，官方長期未設鹽場和專職鹽官於此，甚至食鹽配銷一度讓駐守水軍兼管；這都意味著，相對於其他行鹽區，政府對舟山群島的鹽務管控較爲鬆散，稅目和稅額也較爲鮮少低廉。[23] 民國二年英人丁恩（Sir Riechard M. Dane, 1854-1940）調查浙江漁業用鹽情況時曾感嘆：「中國政府對於漁戶醃魚所用之鹽，向准特別通融」，因此「所收漁鹽之稅爲數無幾，而管理上亦有名無實」。[24] 或許因爲舟山群島管制較爲鬆散之故，無論清朝抑或是民國政府，也很難透過官僚系統完全干涉製鹽狀況。加上稅率輕薄之故，製鹽成本也較其他地區低廉；又因地利之便，自產自銷，供需不受內地影響。而這些條件都直接或間接地鼓勵製鹽量的不斷提高，不受限制。

另一方面，從下表所呈現的數據可以得知，十九世紀下半葉後到廿世紀初之間，島上鹽場食鹽產量激增將

表二　舟山群島曬板數量和產量估計表（一擔約略百斤）[27]

<table>
<tr><th>年份</th><th>地點</th><th>每年單位產量</th><th>曬板數量</th><th>估計產量</th></tr>
<tr><td>光緒六年
（一八八〇）</td><td>岱山場</td><td>300斤/塊</td><td>191,984塊</td><td>575,952擔</td></tr>
<tr><td rowspan="2">民國五年
（一九一六）</td><td>岱山場</td><td rowspan="2">300斤/塊</td><td rowspan="2">317,038塊</td><td rowspan="2">951,084擔</td></tr>
<tr><td>定海場</td></tr>
<tr><td rowspan="2">民國十二年
（一九二三）</td><td>岱山場</td><td>350斤/塊</td><td>248,464塊</td><td rowspan="2">1,169,624擔</td></tr>
<tr><td>定海場</td><td>300斤/塊</td><td>100,000塊</td></tr>
</table>

近兩倍。當地戶口數在光緒二十六年有居民將近三十六萬人，民國元年有約三十七萬五千人，但到了民國八年（一九一九）又掉回三十五萬人左右。[25]由此可見，食鹽產量激增，並非吃鹽的人口倍增之故，而是被用於直接食用以外的場域。再者，若以民國二年的記載來看，該年度漁船與廠戶向岱山鹽場購買用來補充鹽倉、鹽桶以及醃製用鹽的數量大約有十六萬擔；[26]結果到了民國九年，每年則可高達三十五多萬擔，成長了二倍以上不只。

漁業史學者大多認爲清末民初之際，舟山海域漁場進入開發海洋資源的擴張期。最主要有二大特徵：其一是漁撈船隻、水產加工業的規模增加，提高了漁團組織、漁

23 財政部鹽務署鹽務稽徵總所編，《中國鹽政實錄》第一冊（南京：財政部鹽務署，一九三三），〈兩浙之部〉，頁七。

24 丁恩（Sir Riechard M. Dane）著，《改革鹽務報告書》（臺北：國家圖書館館藏民國十一年〔一九二二〕鹽務署刊本）頁一〇三 a、一三〇 a。

25 陳訓正等纂修，《定海縣志》，卷一，〈輿地志．戶口〉，頁七六—八一。

26 鹽務署主編，《全國場產調查報告書．兩浙》（北京：國家圖書館出版社據民國五年財政部鹽務署鉛印本影印，二〇一三），〈第四編．岱山場及舟山列島〉，頁九四。

27 本表格數據爬梳來自財政部鹽務署編，《清鹽法志》，陳訓正等纂修，《定海縣志》（臺北：成文出版社據民國十三年鉛印本影印，一九八三）；實業部國際貿易局編纂，《中國實業誌．浙江省》等相關篇章，為避免徵引頻繁，在此註記。

會公所的規模與活力。其次是在漁汛期間，逗留在舟山、岱山、衢山列嶼等漁港的商務人數提高，他們通常開設商鋪，一方面販賣民生用品或滿足漁民的娛樂需求；二方面則仲介或盤買漁貨、水產加工品，銷售到沿海城市。前述篇幅爬梳了清末民初戶口人數、鹽場的食鹽產量、漁鹽採購數量等數據，似乎也能從鹽業的角度看到海洋資源開發擴張現象。也就是說，舟山群島漁業和水產加工業規模不斷增幅，與食鹽產量的倍數成長正相關，彼此呈現相輔相長的緊密關係。

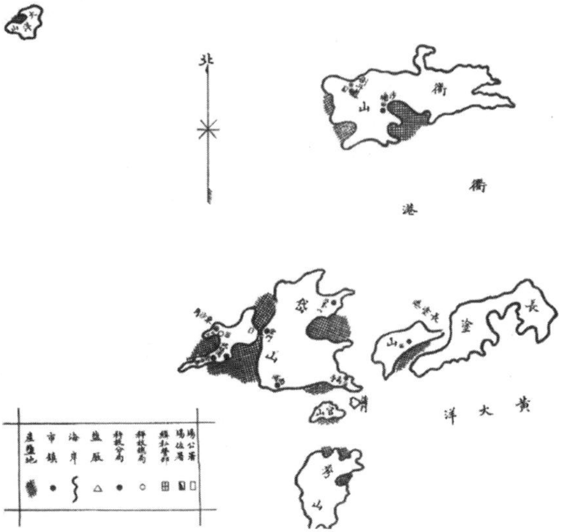

民國十三年岱山鹽場地圖。林振翰編，《浙鹽紀要》，頁十五。

五、結語

本文大致爬梳了清末民初，舟山群島周遭海域的漁業、水產加工業、鹽業生產的諸種面向。總體來說，所謂濱海之利，都以「魚鹽並稱」。一方面魚生於水，二方面鹽亦大都由海水煎曬而成，兩者之根據固同在濱海，但又因臨海，陸地土壤「磽瘠多滷」，一般普通的糧食作物幾乎難以生長，難怪其地居民「非恃網罟以謀生，即賴製鹽以爲活也」。

魚與鹽相輔相成，如同魚與水般，缺一不可。如同前文所述，黃魚鯗、螟蜅鯗的加工技術要求較高，除了講究原料新鮮、工序精良，製作過程中，無不受到天時、地利等非人力可操控因素的影響。而鹽是製鯗流程中，維持質量的關鍵物質。也因此，本文認爲漁業用鹽的製造與供給，也是該地水產加工業是否能有效發展的基礎之一。

水產加工產業也是海洋捕撈漁業的一環。清朝中葉以來，隨著江南人口的提高，市場經濟的蓬勃，都加速了江浙沿海居民對海洋資源的需求。晚清到民國初年，地方士大夫與知識分子們將近海漁業，納入了實業運動的風潮裡。有志之士在舟山群島進行漁團組織、漁會公所、漁鹽配銷的改革，並引入新式的公司管理組織，以及金融籌資手段，整合舟山群島海域的漁業資源，擴展海洋資源開發的影響力。28

在這樣的時代氛圍下，當地風行甚久的製鮝業，成爲備受關注的對象。知識分子從實地的產業調查、技術調查著手，試圖理解傳統的水產加工方法與製作工序。接著，他們透過新穎的化學知識和化工技術來檢驗這些傳統水產加工品的各個元素，譬如進行乾製試驗和鹽漬試驗，透過操作鹽水濃度，嘗試不同鹽品、不同用鹽量對鮝製品獨特風味的影響，希望能找到減少用鹽量的製作標準工序，增加產品的競爭力。又譬如進行細菌檢查和防腐試驗，分析出鮝製品的常駐菌種，並思考如何有效滅菌，延長保存期限，以期產品更能遠售。在清末民初漁業改革浪潮中，知識分子如何將科學檢驗介入傳統水產加工技藝之中，兩者之間究竟如何交涉？如何建構起新式水產加工知識？又帶動了哪些新興的水產加工製造業與運輸產業？這些或許是日後可以繼續深入探索的課題。

28〔美〕穆盛博著，胡文亮譯，《近代中國的漁業戰爭和環境變化》（上海：江蘇人民出版社，二〇一五），頁五一－八七。

第三章

從人本位到跨物種

烽火與英雄
——近代嶺南文人詩詞中的「木棉」

余佳韻
國立中興大學中國文學系助理教授

一、前言——嶺南異物的認識

嶺南做爲帝國的邊陲所在，指的是五嶺之南，即現今的閩南和兩廣，至越北等地。自唐太宗貞觀年間設「嶺南道」並立嶺南節度使後，「嶺南」的概念才正式確立，成爲在風俗文化上與中原相互對應的「異地」。而漢魏六朝以來眾多的異物志論著，如孟琯《嶺南異物志》或劉恂《嶺表錄異》等這一類嶺南風土的紀錄，則成爲了人們理解嶺南地域知識的來源。

木棉花。PHOTOED BY J.M.Garg.

木棉（學名：Bombax ceiba），又名烽火樹、攀枝花或吉貝等。相傳是由林邑（今越南）等國家傳入，[1]主要分布於兩廣、四川與越南等氣候溫暖的地帶。[2]雜記方志中提到木棉的條目，絕大多數是描述植物形狀特徵的描繪與經濟價值。無論是東漢楊孚的《異物志》提到：「廣州木棉樹高大，其實如酒杯，皮薄，中有如絲棉者，色正白破一實得數斤。廣州、日南、交趾、合浦皆有之。」[3]或是清代吳震方《嶺南雜記》的紀錄：「木棉樹大可合抱。高者數丈，葉如香樟，……茸與蘆花相似。……其絮土人取以作裀褥，……海南蠻人織以為巾。」[4]兩者都注意到了木棉蒴果迸裂後，棉絮的日常應用。李時珍《本草綱目》將木棉分為草、木兩類，辨分物類屬性以為後續用藥的基礎。[5]可見木棉的實用價值在植物與本草學人眼中，顯然大於情感的審美寄託。

相對於雜記文類或本草學中鉅細靡遺地記錄木棉的植物特性，木棉的南方文化象徵與文人的情感投射在詩詞中更為具體。如李商隱〈燕臺〉的「蜀魂寂寞有伴未，幾夜瘴花開木棉」，或〈李衛公（即李德裕）〉：「絳紗弟子音塵絕，鸞鏡佳人舊會稀。今日致身歌舞地，木棉花暖鷓鴣飛」。[6]前者以木棉為心悅之人遠嫁南方的背景；後者藉由「木棉」與「鷓鴣」這類眼前僅見於嶺南的草木鳥禽對比「絳紗」與「鸞鏡」的京城生活，表露出對李德裕被貶至厓州的不捨之情。[7]又如張籍〈送蜀客〉「蜀客南行祭碧雞，木棉花發錦江西」。[8]生長於蜀地或嶺南的木棉對文人而言，都象徵著非自願遠離權力中心，並與貶謫的傷感與不遇的哀嘆連結。從而，在木棉植物屬性好南土，卻又與貶謫意象結合時，其植物屬性和文學隱喻之間如何相互對應則值得進一步探索。

1 陳襄《文昌雜錄》：「閩嶺以南多木棉，土人競植之，有至數千株者，採其花為布，號『吉貝』。余後讀南史，海南諸國傳言，林邑國出古貝木……正此種也。蓋俗呼古為吉耳。」稻生若水：《庶物類纂》（東京：日本國會圖書館藏），冊十三，卷三二，頁二下。

2 宋人方勺〈泊宅篇〉：「閩廣多種木綿，樹高七八尺，葉如柞，結實如大菱而色青，秋深即開，露白綿茸然，土人摘取去殼，以鐵杖桿盡黑子，徐以小弓彈，令紛起，然後紡績為布，名曰『吉貝』。」稻生若水《庶物類纂》卷三二（東京：日本國會圖書館藏）冊十三，頁二上。

3 楊孚：《異物志》，收入譚瑩編：《嶺南遺書》，道光辛卯（一八三一）八月南海伍氏粵雅堂刊本，冊六八，頁七下。

4 吳震方：《嶺南雜記》，收入吳震方輯《說鈴》（香港：香港中文大學圖書館藏），卷卅四，頁三下。

5 《本草綱目》：「木棉有草木二種。交廣木棉，樹大如抱，其枝似桐，其葉大如胡桃葉。……結實大如拳，實中有白棉，棉中有子。今人謂之斑枝花，訛為攀枝花。」李時珍著：《本草綱目》（臺北：國立中國醫藥研究所，一九七六年），卷三六，頁一二一九。

6 見劉學鍇、余恕誠著，《李商隱詩歌集解》（北京：中華書局，一九八八年），頁一三三、八八四。

7 屈大均《廣東新語．禽語》載：「鷓鴣，隨陽越雉也。……其飛必向日，日在南故常向南。而多云『但南不北』。雖復東西迴翔，而命翮之始必先南翥。其志懷南，故謂之南客。」由於鷓鴣為南方之鳥禽，在詩詞中常與木棉連用。屈大均：《廣東新語》，收入歐初、王貴忱主編，《屈大均全集》（北京：人民文學出版社，一九九六年），冊四，頁四七〇。

8 張籍著、徐禮節、余恕誠校注，《張籍集繫年校注》（北京：中華書局，二〇一一年），頁六四五。

過去提到木棉，大多是從傳統文獻紀錄中歸納木棉的種類特徵與用途。如邵堯年的〈廣東木棉樹〉與葉靈鳳《香港方物志．英雄樹木棉》。[9]其餘提到木棉與廣東關係的作品數量雖然不少，但較少具整體性的論述。有鑒於此，本文將焦點放置在木棉的南方屬性在文人的寫作中如何形成一套既定的連類系統與認知方式。探索原本在唐宋筆記與詩歌中以南方異物被認識的木棉，文人如何擷取其植物特徵並賦予文化意義與歷史縱深的過程。特別是清代的嶺南文人，如屈大均、陳恭尹，乃至於其後的學海堂文人群體，如何通過地方博物志的寫作、詩歌與歷史的連結，將木棉形塑成嶺南文人精神的象徵以及共同地景記憶，以及對民初以降寓居嶺南文人的詩歌寫作之影響。

二、烽火、攀枝與珊瑚——木棉的南方屬性

植物進入知識譜系建構的視野，除了仰賴過往本草學或古典詩歌的紀錄以外，博物志或類書的撰作毋寧影響層面更為深廣。嶺南人的博物記述可追溯至東漢楊孚的《異物志》，惟原書現已失傳，僅能從其他類書中拾取到零星條目。其後雖然也有不少關於嶺南風土的記載，但大多是宦遊的記事實錄。真正基於地域／鄉邦文化的意識，有系統地

搜集並記錄各類與廣東相關的特有物種景觀與奇聞異談，則需要到明末清初屈大均的《廣東新語》才確立。書前〈自序〉提到：「予嘗遊於西方，閎覽博物之君子，多就予而問焉。**予舉廣東十郡所見所聞，平昔識之於己者，悉與之語**。**語既多，茫無端緒，因詮次之而成書也**。……不出乎廣東之內，而有以見夫廣東之外。**雖廣東之外志，而廣大精微，可以範圍天下而不過**。知言之君子，必不徒以為可補《交廣春秋》與《南裔異物志》之闕也。書成，自《天語》至於《怪語》，凡為二十八卷，中間未盡雅馴，則**嗜奇尚異**之失，予之過也。」[10]本書的撰作動機是基於對嶺南鄉土的眷戀護惜，在矜奇炫博之餘，也試圖填補過往《廣東通志》記載不足的部分。木棉也在「**嗜奇尚異**」的收錄標準下被屈大均所記入，成為屈大均建構嶺南意識與抒情託寓的對象。請看下面引文：

木棉，高十餘丈，大數抱，枝柯一一對出，排空攫拏，勢如龍奮。正月發蕾，似辛夷而厚，作深紅、金紅二色，蕊純黃六瓣，望之如億萬華燈，燒空盡赤。花絕

9 邵堯年，〈廣東木棉樹〉，《嶺南學報》（廣州：嶺南大學，一九三一年）第二期第一卷，頁七七－八四。

10 屈大均，《廣東新語》，《屈大均全集》，冊四，頁三。

> 大，可爲鳥窠，嘗有紅翠、桐花鳳之屬藏其中。……子大如檳榔，五六月熟，角裂，中有綿飛空如雪。然脆不堅韌，可絮而不可織，絮以褥以蔽膝，佳於江淮蘆花。或以爲布，曰緤，亦曰毛布，可以禦雨，北人多尚之。綿中有子如梧子，隨綿飄泊，著地又復成樹。樹易生，倒插亦茂。枝長每至偃地，人可手攀，故曰攀枝。其曰斑枝者，則以枝上多苔文成鱗甲也。**南海祠前，有十餘株最古，歲二月，祝融生朝，是花盛發。觀者至數千人，光氣熊熊，映顏面如赭**。花時無葉，葉在花落之後。葉必七，如單葉茶。未葉時，眞如十丈珊瑚，尉佗所謂烽火樹也。……自春仲至孟夏，連村接野，無處不開，誠天下之麗景也。其樹易長，故多合抱之幹；其材不可用，故少斧斤之傷。而又鬼神之所棲，風水之所藉，以故維喬最多與榕樹等。[11]

首先交代木棉的物種特徵與經濟效用。以木棉樹高而粗壯，枝葉水平對出；花型碩大，遠望如花燈。且由於木棉的棉絮無法織布，廣東土人多用來塡充棉被枕頭。接著解釋木棉別名「攀枝花」與「烽火樹」的由來。前者著眼於木棉「枝長每至偃地，人可手攀」的特性，後者則出自葛洪《西京雜記》：「漢積草池中有珊瑚樹，高一丈二尺，一木三柯，上有四百六十二條。是南越王趙佗所獻，號爲烽火樹。」[12]最後提到嶺南木棉花期可從仲春開到孟夏，其中又以端州河口夾岸與南海祠最廣爲人知。[13]早在康熙三年（一六六四），屈大均就曾作詩歌詠南海祠前的木棉。他說：

十丈珊瑚是木棉，花開紅比朝霞鮮。天南樹樹皆烽火，不及攀枝花可憐。
南海祠前十餘樹，祝融旌節花中駐。燭龍銜出似金盤，火鳳巢來成絳羽。
收香一一立花鬚，吐綬紛紛飲花乳。參天古幹爭盤拏，花時無葉何紛葩。
白綴枝枝蝴蝶繭，紅燒朵朵芙蓉砂。受命炎洲麗無匹，太陽烈氣成嘉實。
扶桑久已摧爲薪，獨有此花擎日出。高高交映波羅東，雨露曾分扶荔宮。
扶持赤帝南冥上，吐納丹心大火中。（後略）[14]

11 屈大均，《廣東新語》，《屈大均全集》，冊四，頁五六五—五六六。
12 積草池位於漢武帝所修築的上林苑內。南越趙佗特意以木棉為貢品，即是留意到木棉為南方物種，不生於北方的珍稀性。
13 屈大均，《廣東新語》，《屈大均全集》，冊四，頁四三〇。
14 屈大均著、陳永正等校箋，《屈大均詩詞編年校箋》（上海：上海古籍出版社，二〇一七年），頁二七六。

南海祠相傳建立於隋朝開皇年間。由於祠中供奉的火神祝融爲嶺南一地的重要信仰，[15]祠前古木棉連帶也成爲了文人歌詠的對象。《廣東新語·宮語》的「南海廟」載：「（海）閣旁多木棉，其種自海外來，樹高數十尺，喜溫惡寒，莫能過嶺以北。花類玉蘭，色正赤而無香，結實如酒杯。老而飄絮，著土自生，盛於荒灘閒址。集其絮可席以坐，柔而少溫，若蘆花然。」[16]補充了木棉爲海外傳入的外來植物，僅能生長於南方溫暖氣候的身世。以木棉的南方屬性爲前提，對照詩中從南海祠木棉的姿態、花色與別名聯想爲線索，通過木棉花常見的「紅」、「金」兩色，與火神祝融所代表的紅、金，與「燭龍」、[17]「火鳳」、「絳雨」等連結，鋪陳木棉是南方「炎洲」特有的植物形象；[18]在扶桑木因爲年代久遠而摧折爲薪材時，只有木棉托舉著日出，毫無懼色。接著

晚年屈大均像，出自《清代學者像傳》第一集。

「扶持赤帝南溟上，吐納丹心大火中」，將木棉比喻爲扶持南方之主祝融的左臂右膀，忠誠不二。另一首〈木棉花歌〉則將廣州城邊木棉喻爲「仙種珍奇世希見，受命天南絕霜霰」。對照屈大均曾經受父命到肇慶向永曆帝呈《中興六大典書》，並與其他反清義士往來，共謀反清大業等生平事蹟，生長於南方的木棉在此被形塑出的英雄形象也帶有些許詩人的投射與想像——嶺南人挺拔固執，不爲外物所屈的精神。張智昌曾歸納屈大均早期的行旅紀錄，以爲屈氏在期間所形塑的自我形象皆具有強烈的「英雄主義」特質，且其「援以自喻的形象之擇取無不深受彼時彼地『地方資源』（local resources）所限制與啓發。」[19]只不過屈大均的英雄主義不僅體現於行旅北遊期間對所至各地景物軼

15 韓愈〈南海神廟碑〉：「南海神次最貴，在北東西三神、河伯之上，號為『祝融』。」

16 屈大均，《廣東新語》，《屈大均全集》，冊四，頁四三〇。

17 屈大均常以燭龍銜日比喻木棉花之花形。如〈木棉三首之一〉：「西江最是木棉多，夾岸珊瑚十萬柯。又似燭龍銜十日，照人天半玉顏酡。」又〈木棉花歌〉：「燭龍銜日來滄海，天女持燈出絳紗。」引詩分見於：屈大均著、陳永正等校箋：《屈大均詩詞編年校箋》，頁一〇六〇、一六七〇。

18 屈大均〈木棉二首之二〉亦有：「天南烽火樹，最是木棉紅。花發炎洲上，光連若水東。」屈大均著、陳永正等校箋：《屈大均詩詞編年校箋》，頁一〇四五。

19 詳細論述可見：張智昌，〈南方英雄的歷程：屈大均（一六三〇—一六九六）自我形象釋讀〉，（新竹：清華大學中國文學研究所碩士論文，二〇〇八），頁二一八。

事的吟詠，在歌詠嶺南木棉之際，更可以看到他對個人出身與嶺南風骨的自矜與認同。

此外，被譽爲清初嶺南三大家的陳恭尹（一六三一—一七〇〇）與梁佩蘭（一六二九—一七〇五）也曾有歌詠南海祠木棉的詩作。前者的〈南海神祠古木棉花歌〉：「祝融帝子天人傑，凡材不敢宮前列。挺生奇樹號木棉，特立南州持降節。拔地孤根自攫拏，排雲直幹無旋折。……赤松渺矣火井深，爲君歲歲呈丹心。」[20]從木棉挺拔而不被外界折損的姿態聯想到於南方持節守志的赤誠。[21]後者的〈南海神廟古木棉花歌〉也有：「君不見南方草木狀最奇，木棉珍木天下知。祝融廟前更特出，突兀磊砢無卑枝。尊如冠蓋貴人高在上，其下低頭莫能仰。鬚眉足發人慷慨，丰骨端爲世倚仗。挺如節烈正士生成人，百折不肯催其身。……文德含文章，天下稱至

陳恭尹，出自《清代學者像傳》第一集。

文。南人實占之，靄然見卿雲。……欲識此花種何年，龜趺半折唐朝碑。」[22]首句先定調嶺南草木形狀奇異，其中又以木棉最爲特殊。接著詳述南海祠前木棉形狀之奇豔與姿態，諸如「無卑枝」的挺立不屈、枝條鬚眉能引發人慷慨激昂之志，挺拔的枝幹可以爲人所依靠。最後將祠前木棉的歷史追溯至韓愈，極言木棉歷史的悠久綿長。

如果說傳統的詠物詩是以描摹形似爲始，通過物事物象寄寓個人情感爲尚。所詠之「物」的選擇則多半取決於文人當下所面臨的生命情境——面對外在環境給予的生命叩問，如何袒露心跡、適切回應，甚至自我激勵。清初嶺南爲抗清最有力的地區之一，廣州甚至因此遭受了兩次屠城殺戮。對嶺南遺民文人而言，木棉的顏色形狀不啻是嶺南堅忍不屈的風骨展現。那些反覆的書寫，也正可以視作他們不悔個人政治抉擇的宣告。

---

20 陳恭尹著、陳荊鴻箋，《獨漉詩箋》（廣州：廣東人民出版社，二〇〇九年），頁二〇六—二〇七。

21 陳恭尹〈木棉花歌〉：「粵江二月三月天，千樹萬樹朱花開。有如堯時十日出滄海，又似魏宮萬炬環高台。覆之如鈐仰如爵，赤瓣熊熊星有角。濃鬚大面好英雄，壯氣高冠何落落。後出棠榴枉有名，同時桃杏慚輕薄。祝融炎帝司南土，此花無乃群芳主。巢鳥鬚生丹鳳雛，落花擬化珊瑚樹。歲歲年年五嶺間，北人無路望朱顏。願為飛絮衣天下，不道邊風朔雪寒。」以木棉壯氣高冠如英雄，為南土群芳之冠。陳恭尹著、陳荊鴻箋，《獨漉詩箋》，頁二〇六。

22 梁佩蘭著、董就雄校注，《梁佩蘭集校注》（北京：中華書局，二〇一九年），冊一，頁二三三—二三四。

三、春來花似酒顏丹——學海堂的木棉地景

如果屈大均等人對木棉的記述是關注在植物的南方屬性與嶺南精神的象徵，學海堂文人以江南考據學爲本，則是賦予了木棉歷史的縱深與地景記憶。廣州地多木棉，在南宋方信孺的〈南海百詠〉就提到：「（廣州）列植木棉、刺桐諸木，花敷殷豔，十里相望如火。」。清初王士禎（一六三四—一七一一）奉康熙之命至廣州祭祀南海神時，就對木棉滿布女牆與棉絮翻飛的情景留下了深刻的印象。《漁洋詩話》即載：「粵王臺，枕廣州北城，有呼鸞道故蹟。女牆間皆木棉，花時紅照天外，亦奇觀也。余甲子（一六八四）祭告入粵，屢游之。賦詩云：『歌舞岡前輦路微，昌華故苑想依稀。劉郎去作降王長，斜日紅棉作絮飛。』」[23] 南漢劉龑以番禺（今廣州）爲據點稱帝，其後南漢後主劉鋹又在越秀山一帶大興土木，建造了昌華苑、歌舞岡與呼鸞道等逸樂場所。又《廣州遊覽小志》亦載：「越秀山在廣州府城北，城堞因山，山分爲二。東爲歌舞岡越王臺，西爲觀音閣，山半爲呼鸞道，僞漢劉龑故蹟也。……粵人三月三日、九月九日多遊於此。城堞間多榕樹木棉，時暮春，木棉方花，紅照天外，亦一奇也。」[24] 王士禎抵達廣州時爲康熙二十五年（一六八六）二月，適逢初春木棉花開，越秀山又是廣州當地

名勝，自然吸引了王士禛「屢遊」的興致。《漁洋詩話》與《廣州遊覽小志》的兩條材料，即是他以非貶謫或宦遊的入粵者之角度所感知的木棉美景以及歷史前緣。一八二〇年阮元赴嶺南擔任兩廣總督之時，選定了「古木陰翳，綠榕紅棉」的越秀山麓設立學海堂，或許也和此地的歷史背景相關。

木棉既然是越秀山春日的一道風景，居處其中的學海堂人自然在雅集出遊之時也不乏以木棉爲題的詩詞作品。學海堂文人群體的聚集與吟詠是推波助瀾的動力之一，並且，在這群文人所使用的語彙裡，也隱然能窺見與上文提到的嶺南文

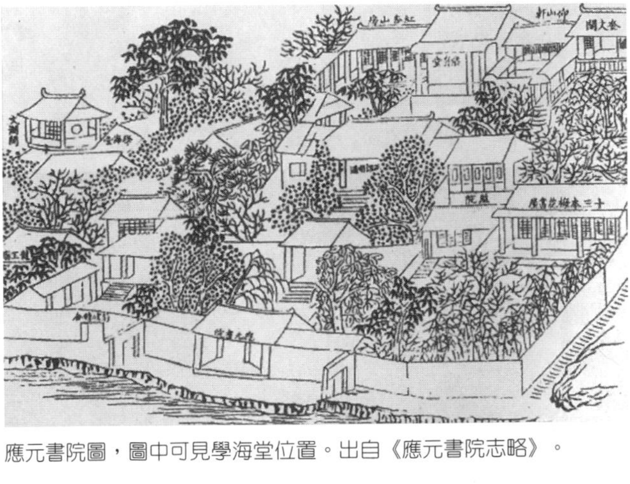

應元書院圖，圖中可見學海堂位置。出自《應元書院志略》。

23 王士禛，《漁洋詩話》，收入王夫之等撰，《清詩話》（上海：上海古籍出版社，一九九九年），頁一八八—一八九。

24 王士禛，《廣州遊覽小志》，刻本，頁四。

人寫作裡面一脈相承的元素。如張維屏（一七八〇—一八五九）的詠物詞〈東風第一枝〉（烈烈轟轟），即是對嶺南木棉最爲全面而具體的描繪：

烈烈轟轟，堂堂正正，花中有此豪傑，一聲銅鼓催開，千樹珊瑚齊列。人游**嶺海**，見草木，先驚奇絕，盡眾芳，獻媚奪妍，總是東皇臣妾。氣熊熊、赤誠樓堞，光燦燦、祝融旌節。丹首要伏蛟龍，正色不諳蜂蝶。天風捲去，怕燒得，春雲郡熱。似尉佗、英魄難銷，噴出此花如血。

張維屏爲學海堂第一任學長，也是嘉道年間嶺南重要詩人。嶺南知名文人如陳澧（一八一〇—一八八二）、譚瑩（一八〇〇—一八七一）等人，大多或出於其門下，或與其有往來。這首詞開頭以「烈烈轟轟，堂堂正正」起筆，從木棉樹的挺拔直立與花形碩大奔放的姿態凸顯木棉別稱「英雄樹」的豪傑之氣。南方土人於春日敲打銅鼓象徵一年之始，與木棉花期的相合。接著張氏延續屈大均木棉「未葉時，眞如十丈珊瑚」的說法，極言木棉開花時姿態的豐妍奇絕，眾芳難以與之匹敵，爲嶺南春日之代表。下半片從木棉的「丹色」延伸，稱許木棉的光照赤誠、正色懾人。尉佗，即秦漢時曾經營嶺南，在南越自立爲王的趙佗。以「似尉佗、英魄難銷，噴出此花如血」，詩人將木棉扣合南越趙佗曾經營嶺南的歷史。[25]詞中光燦、挺拔等詞彙，已不再具有忠於前朝的政治隱喻，而是將木棉視爲廣東精神象徵的代表之一。張維屏的另一首〈木棉〉詩提到：「攀枝一樹豔東風，日在珊瑚頂上紅。春到嶺南花不小，眾芳叢裡識英雄。」[26]其中攀枝、珊瑚與英雄這類曾見於其他文人筆記或詩詞的語彙，呈現了木棉做爲知識體系的連類過程。

在個別文人對木棉的吟詠之外，學海堂文人在節序雅集時也留下了不少與木棉相關的唱和詩詞，使得木棉成爲了學海堂人共同的地景記憶。一八四〇年，英人佛狼機等人與中國通商貿易的衝突引發了後來的鴉片戰爭。[27]戰事平息後，陳澧邀請張維屏、譚瑩、金錫齡與李應田等師長同僚等齊聚學海堂共賞木棉，並賦詩爲記。請看下面引詩：

25 張維屏〈木棉十首之七〉：「朝漢臺荒蔓草生，越王霸氣尚崢嶸。」張維屏撰、鄧光禮、程明標點，《張南山全集（二）松心詩集》（廣州：廣東高等教育出版社，一九九三年），頁二一三。

26 張維屏，《聽松廬詩鈔》，同治間（一八六二－一八七四）廣州富文齋刻本，香港中文大學圖書館藏，卷十六，頁八上。

27 此時廣東文人詩中常稱英人為佛狼機（即明朝對葡萄牙人的舊稱佛朗機，Firang 之譯音），刻意以動物代替其譯名，自然有貶義在其中。

半天霞氣擁層巒，曉踏虛堂雨乍乾。戰後山餘芳草碧，春來花似酒顏丹。去年此日鄉愁黯，萬紫千紅淚眼看。難得故林無恙在，莫辭沉醉共憑欄。（陳澧．〈木棉花盛開邀南山先生、章冉、玉生、青皋、芑堂、研卿諸君集學海堂〉）[28]

本詩爲陳澧在鴉片戰爭後的癸卯年（一八四三）與舊日師長同僚的重聚之作。[29]開頭兩句的「霞氣」即是學海堂木棉綻放，光燦如霞，映照山巒疊翠的景象，以及眾人清早雅集於學海堂之事。戰後山色只留下翠綠的芳草，而春日木棉顏色仍然如酒般丹紅。雖然鴉片戰事並沒有擴大到廣州城內，但仍舊影響了一般民眾生活，更不用說其後不平等通商契約的簽訂對文人心理的衝擊。「去年」以下兩句，是對過去亂事的感慨；「鄉愁黯」與「淚眼看」的對照，縱然戰爭現下已平息，然而那些變異的事物也已經沒有了復歸的可能，更遑論未來渺茫難知的家國處境與人事更迭。最後以「難得故林無恙在，莫辭沉醉共憑欄」作收，以爲故地（學海堂）與舊友都能安然無恙重聚一處，實值飲觴一醉。張維屏《松心詩集．花地集》也記載了這次的雅集。他說：

綠野散輕陰，朱霞明茂林。攀枝纔照眼，烽火尚驚心。（木棉名攀枝花，又名烽火樹）西漢幟如在，（山堂上即越臺）東風春又深。吾曹復良會，把酒合高吟。
〈三月初九日，陳蘭甫孝廉澧招同梁章冉廣文廷枏、譚玉生明經瑩、許青皋茂才玉彬、金芑堂孝廉錫齡、李硯卿茂才應田集學海堂看木棉〉[30]

首兩句「綠野散輕陰，朱霞明茂林」與陳澧原句「半天霞氣擁層巒」，都是指向木棉花開燦爛與疊翠茂林相互映照的景象。「攀枝纔照眼」是春日木棉初綻的生機；「烽火尚驚心」爲雙關用法，扣合了木棉的別名「烽火樹」，與方才平息的戰爭「烽火」，描繪出此時人們尚未從戰爭衝擊中回復的餘悸猶存貌。最後與陳澧詩相同，以舊友故交重逢的喜悅作結。

28 黃國聲，《陳澧集》（上海：上海古籍出版社，二〇〇八年），頁五九四。

29 嚴志雄以為陳氏詩題下的小注「癸亥」應為「癸卯」之訛。因為張維屏卒於咸豐九年（一八五九），「癸亥」時張氏已歿，又張維屏詩中提及的人事時地與陳澧詩亦相符，應為同一雅集之作。本文從其說。見嚴志雄，〈鴉片、鬼兵、珠海老漁：晚清廣東詩人張維屏鴉片戰爭期間所作詩管窺〉，《中國文化研究所學報》七四期（二〇二二年一月），頁十六。

30 張維屏撰、鄧光禮、程明標點，《張南山全集（二）松心詩集》，頁四五三。

其餘學海堂文人也不乏吟詠木棉作品。如譚瑩〈越王臺〉之三即有：「旌旗簫管無從覓，賸木棉枝照落紅。」[31]南漢過往征戰遊宴的事蹟已為陳跡，而今只剩木棉枝幹與落紅對映，寄寓個人對歷史興廢衰亡的感嘆。並且，以收錄學海堂八位學長所評定的優秀課卷為主的《學海堂集》，在吳蘭修（一七八九—一八三九）所編定的《學海堂二集》中，分別選錄了石炳與石元輝十六首以〈木棉〉為題的詩作，題下小注云：「七律以粵中勝地分詠一百首」。[32]粵中名勝如呼鸞道、月溪寺、石門、嶺南第一樓，以及學海堂等地的木棉在此都成了詩人歌詠的對象。而吳蘭修以學海堂學長身分選錄並刊刻出版這些詩作，亦可解讀為對木棉做為嶺南代表性植物的認同。

地景係個人或群體對於某種特定景觀的描述，通過文化價值的賦予與記憶的疊加，建構地景的深層文化意義，藉以牽繫人與地景間的緊密性。越秀山學海堂木棉在阮元興建初起時或許僅是著眼於越秀山周邊景色優美，然而文人通過考據學的方法，不僅在追溯對南漢歷史，同時也試圖建立嶺南文化的特異性。木棉做為嶺南植物地景象徵，即在學海堂文人群體的吟詠、寫定至刊刻出版的過程中奠定了大體的樣貌與連結體系，同時影響了清末以後嶺南文人，乃至南來文人對嶺南春日代表植物的既定印象。

四、畫情空憶山樵說——木棉與烽火

廣東自清末以來即亂事不斷，黃花崗之役與辛亥變革的動盪未平，袁世凱死後，中國頓時陷入軍閥割據的局面。孫中山發起護法運動，於一九一四至一九二四年間三度在廣州建立政權，其中廣州軍政府還曾與廣州商團發生了軍事流血衝突。加之以一九二二年的陳炯明叛變。戰亂的頻仍與不安的局勢，讓身處此地的廣東文人對自身與家國的前途更加不安。木棉的吟詠也從原本學海堂文人相互辨識的共通語言，轉化成為廣東文人，乃至於曾於廣東居處生活過的文人之共通的回憶景象。

於春季開花的木棉。PHOTOED BY J.M.Garg.

31 譚瑩，《樂志堂詩集》，收入《清代詩文集彙編》編纂委員會編，《清代詩文集彙編》（上海：上海古籍出版社，二〇一〇年），頁三三四。

32 吳蘭修編，《學海堂二集》，道光十八年（一八三八）啓秀山房本，東京大學綜合圖書館藏，卷廿二，頁一五—一六。

（一）火樹年年，搖落清明節——世異時移的感慨

木棉做爲越秀山學海堂的標誌，在民國以後仍有部分曾受業於學海堂的文人通過歌詠木棉追懷往事。汪兆鏞唱和龍榆生的木棉詞即是一例。請看下面引詞：

> 榆生以咏木棉詞見示，奉和一闋。廣州北城跨山，山多紅綿，暮春花時，照耀雉堞間，偉麗絕勝。聞山中人云：「二十年來林壑陊貿，非復承平日風景。」余亦積㞑偃蹇，鍵户罕出，倚竹畣響，爲之憮然。
>
> 霸氣銷沉山嵽嵲。望極愁春，春釀花如血。照海燒空誇獨絕，東風笑客誰堪折。一片蕪城都飽閱。火樹年年，搖落清明節。聽取鷓鴣嗁木末，畫情空憶山樵說。（木棉一名烽火樹。乾隆間，粵人郭樂郊善畫木棉鷓鴣，黎二樵喜作紅棉碧嶂圖，一時齊名。）〈蝶戀花．粵秀山木棉和榆生〉33

汪兆鏞（一八六一—一九三九），字伯序，一字憬吾，爲汪精衛之長兄。幼時曾受業於陳澧，清亡後以遺民自居，與朱祖謀等遺民文人皆有往來。龍榆生爲朱祖謀之學

生，朱氏臨終前曾以校詞雙硯授之，龍曾請汪氏爲朱祖謀〈減字木蘭花題龍榆生受硯廬圖〉題詞外，於汪氏過世時，亦曾於澳門《華僑報》發表弔念汪兆鏞的〈哭憬吾世丈〉兩首輓詩。

本詞爲汪兆鏞唱和龍榆生〈詠木棉詞〉之作，惟龍氏詠木棉之作不少，尚難以確知此處汪兆鏞所指的原詞爲何。木棉又稱紅棉，爲嶺南春日之代表花卉。三月始開，花期可至春末夏初四五月時。汪兆鏞在此通過「木棉」與越秀山學海堂地景的連結，抒發滄海桑田的變異之感。上片極寫粵秀山之高峻與木棉紅豔勝血的勝絕景象。「霸氣銷沉」，典出唐人陳陶〈番禺道中〉「千年趙佗國，霸氣委原隰」句。昔日歷史王朝的霸氣已爲沉銷，僅餘下粵秀山的木棉面海聳立，一如過往。下片轉入今昔之感的描寫。眼前舊景的荒蕪敗落，記憶人事的更迭，宛如爲火紅的木棉所見證。「蕪城」在此借指廣州自清末以來戰亂寥落的景象，呼應詞序所謂「（廣州）二十年來林壑陊貿，非復承平日風景」，過往的風景僅能留在記憶之中。白石〈疏影〉（苔枝綴玉）有「等恁時、重覓幽香，已入小窗橫幅」之句。汪兆鏞在此暗用其意，以爲木棉搖落以後，僅能從圖畫

33 汪兆鏞著，鄧駿捷、陳業東編校，《汪兆鏞詩詞集》（廣州：廣東人民出版社，二〇一二年），頁一四五。

裡去尋找過往的風景，遂云「畫情空憶山樵說」，扣合粵人郭樂郊善畫木棉鷓鴣，黎二樵喜作紅棉碧嶂圖的事蹟。夏敬觀《忍古樓詞話》以汪兆鏞詞「致力姜、辛，自攄懷抱。」[34]姜、辛二人詞作不時可見詞人對南宋時局的憂心，尤其是白石〈揚州慢〉描述眼見舊時繁華之地揚州受到兵火的摧殘，而破敗凋殘所產生的黍離之悲。

原本僅爲廣州春日特殊景觀的木棉，在嶺南歷代文人考察歷史，逐步賦予文化深度的同時，原本的自然景觀成了記憶承載的客體；木棉的豔紅與開落也成爲了遺民文人歷經朝代鼎革之後殘存的往日風景。

（二）鷓鴣啼過木棉紅——客居廣州的心緒寄寓

時代變動流離之際，個體的命運軌跡何去何從難以自主。民國遺老對往日的眷戀將木棉凝視成了一道懷舊的風景，蘊藏著今昔變異的感慨。另一方面，部分因爲生命的因緣巧合而與嶺南有所交錯的文人也爲廣東的木棉書寫帶入外來者的視角。龍榆生即是其中的代表。龍榆生（一九〇二—一九六六），名沐勛，別號忍寒居士，江西萬載人。從黃季剛、陳石遺學詩，從朱祖謀修音韻學和詩詞。曾於一九三五至一九三六年期間短暫任教於廣州中山大學。與遺老文人如汪兆鏞等相交，和國民政府要人汪精衛與胡漢民（一八七九—一九三六），以及冼玉清等廣東文人皆有往來。其中又以曾爲朱祖謀任廣東學政時的門人汪精衛與龍榆生關係最密切。[35]雖然龍榆生寓居廣州時間不長，卻留下了不少與紅棉相關的詩詞。如〈南鄉子・任生睦宇自滬南來，既偕登越王臺、泛荔枝灣，於春寒料峭中得少佳趣，漫拈此闋以紀勝遊。時紅棉作花，正是嶺南好風景也〉〈纔下越王臺〉、〈浪淘沙・紅棉〉〈羞入綺羅叢〉、〈減字木蘭花・越秀山看紅棉作〉〈氣凌霄漢〉等。其中又以〈浪淘沙・春晚偕中山大學及門諸子泛荔枝灣賞紅棉弔昌華故苑以漁洋歌舞岡絕句分韻得岡字〉〈烽火被高岡〉一闋最能表現龍榆生當時的心境。他說：

> 烽火被高岡，北顧神傷。交柯如血映扶桑。豎子英雄成一笑，殘霸荒唐。
> 留取陣堂堂，視此南強。朱霞天半絢朝陽。莫遣東風吹便散，寂寞炎方。[36]

34 唐圭璋編，《詞話叢編》（北京：中華書局，一九八六年），頁四七六一。

35 一九四〇年，龍榆生入汪精衛政府擔任立法委員與南京中央大學教授。《龍榆生年譜》，頁三二一。

36 龍榆生，《龍榆生全集》（上海：上海古籍出版社，二〇一七年），頁一七一六。

兩廣自一九三二年以來，在地軍閥勢力（粵系及桂系）與蔣介石主導的國民政府始終處於劍拔弩張、衝突一觸即發的狀態。龍榆生任教於廣州中山大學，自然也不難感受到當時暗潮洶湧的政治氛圍。首句「烽火被高岡」，從越王臺上紅豔似烽火的木棉，聯想到昌華苑與歌舞岡的歷史舊事。英雄霸業或無爲豎子在時間淘洗與世事更迭之下最終都走向消亡，對照民國當時兩廣一地，各方勢力爭奪傾軋的情形，無疑僅是重蹈歷史的覆轍。「北顧神傷」，既是指稱越王臺所坐落的方位，寄寓詞人憂心於當時政治情境的抑鬱情調。過片轉入木棉過往被前人譽爲南方群芳之冠的「南強」，至木棉花色朱紅映照殘霞的姿態。僅能祈求上天不要讓東風太快吹散木棉，留下花落春歸後的寂寞黯然。原本應該和暢歡欣的春遊，最後卻是以對難以確知的未來所展現的深層無力爲終。[37]一九三六年五月胡漢民驟逝後，蔣介石欲趁勢收回廣東的軍政權，陳濟棠於是聯合李宗仁、白崇禧以抗日名義舉兵反蔣，史稱「兩廣事變」。同年龍榆生爲避亂回返上海，之後與陳寅恪等人的書信往來間，木棉／紅棉彷彿成爲粵地的地景圖像。請見下面引詩：

延園促膝夢俄空，雙照樓前路亦窮。憶向越王臺上望，鷓鴣啼過木棉紅。〈江南

春晚追憶嶺表舊游，兼懷陳寅恪教授廣州之一〉[38]

這首七言絕句爲龍榆生一九四九年所作。[39]原詩自注提到：「胡漢民昔住延園，雙照樓係汪精衛寓所。」表明詩題所謂的嶺表舊遊即是汪精衛與胡漢民。[40]龍、汪兩人交誼頗深，汪曾有〈辛巳（一九四一）除夕寄榆生〉之作，[41]汪精衛於一九三六年二月十九日赴歐洲療養前，即曾特地去信龍榆生。龍氏〈賀新郎〉（恰似南飛鵲）詞序即載：「予轉徙嶺南，情懷牢落，適得雙照樓主二月十七日書云，將轉地療養，且殷殷以三百年來詞選爲詢。」其中提到的三百年來詞選，即龍榆生《三百年名家詞選》一書。

---

37 呂碧城曾有〈陌上花．木棉花作猩紅色，別名烽火樹，和榆生教授之作〉的唱和詞。以木棉「烽火樹」的別名與越秀山木棉的絳紅色起筆，表達了自身對時局動盪的憂心。

38 龍榆生，《龍榆生全集》，頁一九〇一。

39 龍榆生，《龍榆生全集》，頁一二〇。

40 汪精衛早年詩作亦曾提及越王臺之木棉，其〈獄中聞溫生才刺孚琦事〉云：「長記越臺春欲暮，女牆紅遍木棉花。」溫生才（一八七〇—一九一一），廣東梅縣人。曾效法汪精衛刺殺官員而被捕入獄。這裡提到的「越王臺木棉」，或即取用木棉別名英雄樹與其花豔紅之意，比喻革命烈士之精神與熱血。汪精衛，《汪精衛詩詞新編》（臺北：時報文化出版，二〇一九年），頁十二。

41 汪精衛，《汪精衛詩詞新編》，頁八七。

兩人交誼除政治關係以外，亦有不少詩詞文學等贈答往來。胡漢民亦爲廣東番禺人，[42] 爲汪精衛在日本法政大學之同窗，早年跟隨孫中山致力革命運動，辛亥後亦以中國國民黨創黨元老之身分活躍於民初政壇。曾有〈浪淘沙．和榆生教授賞紅棉訪昌華故苑之作〉（照海獨紅鮮），其中除描摹木棉豔紅姿態頗具豪傑之氣外，最後的「要做大裘千萬丈，心意緜延」，[43] 由木棉之棉絮可爲大裘內裡填充的經濟價値爲喻，婉轉地表達了個人對國家民生經濟擘畫的意欲。[44]

龍榆生寫作這些組詩時，汪精衛已經在一九四四年赴日療養時辭世，而胡漢民也在一九三六年於廣州驟逝。開頭兩句的「夢俄空」與「路亦窮」，指他和兩人交契往來的舊事已如霧煙，難以追尋。記憶中僅存鷓鴣的啼聲與越王臺上仍舊豔紅的木棉，勾起詩人自傷世道艱難與懷人感慨。並且，木棉是龍榆生寄予南方友朋詩詞常用的意象。如〈六言絕句四首漫步半山韻寄寅恪教授嶺南〉即提到：「杜宇聲催春去，木棉花發紅酣。憶得靈光魯殿，輝輝長燭天南。」靈光魯殿，原爲漢時魯恭王好建宮室，後來漢室衰微，宮殿遭到毀損，只有魯靈光殿倖存。或許指的正是南海廟前的木棉紅豔姿態。

相對於龍榆生多寫木棉豔紅、杜宇鷓鴣的意象，一九四八年以後先後任教於嶺南大學與中山大學，寓居廣州的陳寅恪（一八九〇—一九六九）對木棉的觀物角度更値得玩味。他說：

十丈空枝萬點紅，霞光炫耀翠林中。高花偏感高樓客，愁望垂楊亂舞風。〈壬辰（一九五二）仲春作〉（與曉瑩聯句）

洋菊有情含淚重，木棉無力鬥身輕。雨晴多變朝昏異，晝夜均分歲序更。
白日黃雞思往夢，青天碧海負來生。障羞茹苦成何事？悵望千秋意未平。〈丙午（一九六六）春分作〉[45]

42 胡漢民，原名衍鴻，字展堂，號不匱室主，漢民為主編同盟會機關報《民報》時用的筆名。
43 龍榆生，《龍榆生全集》，頁一七一六。
44 《龍榆生雜著》曾提到：「後來胡先生被歡迎到了廣州，住在我那寓所附近的延園，我曾去談過幾次，也有不少的詩詞唱和。直到他在頤園去世的前幾天，還有一首和我〈泛荔子灣、賞紅棉、訪昌華故苑〉的絕句。」龍榆生，《龍榆生全集》，頁三四九六。
45 引詩分見於：胡文輝著，《陳寅恪詩箋釋（增訂本）》（廣州：廣東人民出版社，二〇一三年），頁六〇一、一一九四—一一九五。

兩首詩都是陳寅恪在中山大學任教時的作品。第一首從木棉的挺拔高聳與花色的豔紅明媚為起筆。三、四句急轉直下，借用杜甫〈登樓〉「花近高樓傷客心」的典故，陳述自己被木棉所勾引起的客居情緒，以及眼見家國多難而世事多歧，個人卻無力扭轉現實的情態，僅能自抒憤懣懷抱。第二首的創作背景是在文革開始後隔年。一九六五年十一月十日，上海《文匯報》發表姚文元的文章批判吳晗《海瑞罷官》，揭開「文化大革命」序幕。當時廣州中山大學也受到了「四大」的影響，逐漸形成一股反資產階級的聲浪。陳寅恪以洋菊與木棉並舉，洋菊含淚，木棉飄絮的情境暗示了自身無力與時代局面抗衡的現況。晴雨朝夕的多變，暗指外在世界的詭譎難以預料；春分之日晝夜相等，隱含著新的時代秩序即將到來。然而這樣的「新秩序」並沒有過往的經驗得以遵循，詩人內在難以自安的蒼茫感亦隨著不確定性而逐步擴展。結句以人居處於此種時代劇變的暗湧之下，心有未平卻無可奈何的感傷為終。

如果說龍榆生對木棉的寫作是廣東文人敘寫定式的延續，諸如木棉的挺拔不屈的姿態、霞光燦然的明豔花色，甚至是以越王臺的南漢歷史寄寓個人的憤懣不平之情；陳寅恪所看到的木棉毋寧是另一個極端：脆弱而難以自我支撐，或是立於高枝無人能及的淡淡寂寥，僅能無奈地順應局勢、隨波逐流的形容。相對於屈大均「木棉花老頻飄絮，如雪紛紛墜錦韉」——即便木棉飄絮，卻仍舊能飄落在錦製的馬鞍座墊上——延伸出人生還是有所依托的微小期待，陳寅恪更關注人在亂世之時，個人價值的輕薄如墜，如何寬慰生命本質的無常與脆弱。

無論是龍榆生或是陳寅恪，嶺南或廣州對他們來說都只不過是暫居之所。只是龍氏回到了上海，嶺南木棉遂在回憶裡化約成與過往文人類似的表述；陳氏在文革期間身死廣州，似乎也應驗了他人命棉絮輕薄的自我預言，最終消失於四反的動亂之間。

五、結語

木棉做爲南方代表性的植物，雖然在清代以前已經有不少詩詞作品，卻一直到清初嶺南文人才開始賦予木棉特殊的地景意義、精神象徵與文化意涵。

屈大均《廣東新語》對斯土吾鄉深切愛惜的撰作意識，不僅是前人相關紀錄與個人過往

吳其濬《植物名實圖考・木棉》，道光三十年刻本。

見聞的整理與重述，也是嶺南文人對南方風土物種最完整的博物知識建構。而被譽為清初嶺南三家的屈大均、陳恭尹與梁佩蘭對南海祠木棉挺拔姿態的吟詠，既是個人不妥協於外境的意志，也展示了嶺南人不屈於異族政權的風骨。

學海堂為清中葉以降嶺南的學術重鎮，文人雅集唱和頻密。學海堂文人以木棉為主，越王臺與南漢相關的歷史背景為輔，結合木棉光耀明媚的形姿與堂正的豪傑之氣，從地理景觀進一步確立嶺南文化的獨立性與特異性，木棉與英雄、烽火、珊瑚等語彙，遂成為彼此相互註解的關鍵詞，彰顯著嶺南一帶的堅毅精神。

近代廣東文人與寓居者對木棉的詮釋則與辛亥以來始終未能安定的廣東情勢相關。汪兆鏞曾受業於學海堂，清亡以後以遺民自居。他所緬懷的春日學海堂紅棉冶豔的風景，既參雜了過往師友的回憶，更是今不如昔的世變感慨。相對於此，與汪兆鏞、胡漢民及汪精衛多有往來的龍榆生，他筆下的木棉大抵延續前人定式，充滿民國文人對當前局勢的不安與前路未明的憂慮。相對於此，陳寅恪則關注到了木棉樹高與棉絮輕薄的特點，進而思索個人生命價值的厚薄輕重。在傳統嶺南文人多以木棉為英雄氣壯、挺拔不屈的飽滿精神外，展現了另一種木棉寫作的可能。

近代獸醫教育在臺灣與社會變象（一八九五—一九四五）*

沈佳姍
國立空中大學人文學系副教授

一、前言：獸醫學校與牛馬醫學

獸醫是一個具有悠久歷史的職業。公元前三〇〇至一〇〇年的中國古書《周禮》，已記載一種稱爲「獸醫」的官職，負責「掌療獸病」。歐洲最晚到公元三世紀也出現了專門的軍隊獸醫。日本也有行之千年的馬醫，以及兼掌獸醫術的鍼治蹄鐵業者。而近代獸醫（學）的開端，普通多以公元一七五〇年，擔任馴馬師的法國人布爾杰拉發表了臺

* 本文部分增修自拙著，〈日治前期臺灣獸醫的誕生及其社會功能（一八九五—一九二〇）〉，《國史館館刊》第五七期（二〇一八年九月），頁一—三八；拙著，〈從職業訓練到學校教育——日治時代臺灣獸醫教育的發展〉，《國史館館刊》第七十期（二〇二一年十二月），頁一—四七。另，本文感謝皮國立教授及與會先進提供寶貴建議，謹此特申謝忱。

灣常簡稱爲《基礎獸醫學》的六百多頁書籍，講解馬的生物力學、解剖學和病理衛生，做爲開始。[1]

這本書出版當時，其實法國正面臨嚴重的牛疫（Rinderpest；Cattle Plague；牛瘟）問題。牛疫是具高度傳染性的疾病，自公元三七〇年被發現以來一直存在。它影響多種有蹄類動物，死亡率達九十％，因此常會消滅整個獸（牛）群。隨著交通發達加快人類和動物的移動，幾個世紀以來，牛疫從一個國家傳播到另一個國家，從一個大陸傳播到另一個大陸。它會造成動物大量死亡，接連引發人類飢荒和撼搖政府政權。近代的歐洲政府儘管已有做出防治措施，牛疫仍在一七一一—一七六九年約六十年間造成歐洲兩億多頭牛死亡。

本來布爾杰拉就想培育獸醫，恰逢法國正面臨畜牧業瘟疫問題（大多數是牛疫），一七六一年法國議會因此在里昂開辦「獸醫學校」（Veterinary School of Lyons），由布爾杰拉主持，這也是歐洲第一所近代獸醫教育的學校。學生受訓時間不到一年，但確實有助維護農業畜產動物。一七六四年學校被授予成爲「皇家獸醫學校」（Royal Veterinary School of Lyons），表示可以永續得到政府支持。之後，歐洲各地，以及非洲、印度，都在十九世紀中葉前成立了獸醫學校。[2] 一八六三年，爲了討論以牛疫防治爲核心的家畜傳染病防疫對策，歐洲各國在德國漢堡舉行首次的國際獸醫學會議，是當代「世界動物衛生組織」（World Organisation for Animal Health）的源頭。[3]

從上述的世界獸醫與獸醫教育簡史可以發現，「獸醫」的原始目的不外乎是醫治與管理動物、馬匹（含軍馬）；而近代獸醫學的出現與教育專業化，核心影響因素則是新醫學技術和獸疫傳染病防治。牛疫跨國性的擴大傳播，則進一步帶動國際動物會議的舉行。此外，上述獸醫簡史也呈現出，由於是以政府之力開創近代的獸醫培訓學校，加以獸醫與民生和政權安穩密切關連，因此，獸醫之所以能在近代被社會重視，且發展爲具有公權力行政的專業，其實關係著被政府認可、建立並賦予行政權力的基調。另一方面，近代獸醫所具有的專業知識、知識權力和公權力，也將影響近代人們思考與對待動

1 Claude Bourgelat（1712-1779）, *Eléments d'hippiatrique, ou nouveaux principes sur la connoissance et sur la médecin des chevaux*（英文 Elements of the Principles of Veterinary Art, or, New Knowledge About Medicine and Horses《獸醫藝術原理的要素，或者，關於醫學和馬匹的新知識》）. Lyon: Henri Declaustre, Frères Duplain, 1750.

2 'Rinderpest and the First Veterinary School', College of Veterinary Medicine of Michigan State University. Retrieved from https://cvm.msu.edu/vetschool-tails/rinderpest-and-the-first-veterinary-school, Jan. 12, 2023.

3 山内一也，〈牛疫根絶への歩みと日本の寄与〉，《日本獣医師会雑誌》第六三卷第九期（二〇一〇年九月），頁六四九—六五四。

物的方式。

這個近代西方的獸醫學知識技術也在十九世紀時傳入亞洲。印度先在一八七二年創建了第一所亞洲民間的獸醫學校。一八七三年日本陸軍省在東京設置馬醫學舍（一九〇三年改爲陸軍獸醫學校），也是採用「西洋獸醫術」；一八七六年日本內務省又在勸業寮的內藤新宿試驗場設置傳習「西洋獸醫術」的農科和獸醫科，隔年成爲駒場農學校（後先後成爲東京農林學校、東京帝國大學農科大學，今東京大學農學部）。此外，日本爲了防治從海外傳入的牛疫等疾病，一八七〇年代也頒告了〈獸類傳染病豫防規則〉（一八九六年改爲〈獸疫預防法〉，一九二二年改爲〈家畜傳染病預防法〉）。一八八五年又公布〈獸醫免許（即任免）規則〉（一九二六年成爲〈獸醫師法〉）和〈獸醫開業試驗規則〉；前法規定身爲獸醫的條件和責任義務，後法規範獸醫開業前須通過的國家考試科目。一九〇六年公告〈屠場法〉，再增加對動物的應用管理和防疫力道。[4]中國第一所西洋獸醫學校——北洋馬醫學堂，一九〇四年（清光緒三十年）也在直隸省保定成立，一九一二年改爲陸軍獸醫學校。

二、臺灣的近代獸醫與業務

臺灣本有對應動物和獸疾獸疫的傳統辦法。例如民間有對症治療的符咒與草藥療法，有馴化、選種、飼育、閹割法，臺灣客家族群還有「閹雞賽」（祭典時舉行閹雞比賽），大清軍隊內亦有馬兵，只是傳統臺灣並沒有明確的獸醫管理規則和機構。隨著臺灣開港、沈葆楨洋務改革，尤其是日本統治臺灣後，各種「西學」快速傳進臺灣，包括歐洲近代的獸醫知識技術。

一八九五年（日明治廿八年）日本統治臺灣後，也將國內的獸醫和動物管理制度移行臺灣。軍隊方面，依〈臺灣憲兵隊

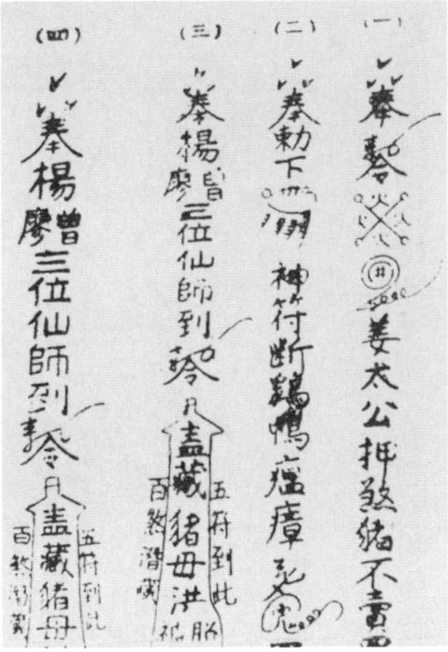

臺灣家畜用符。圖片來源：梅村益敏，〈家畜用符仔に就て〉，《民俗臺灣》第三卷第七號（一九四三年七月），頁四七。

4 全國農業學校長協會編，《日本農學發達史》（東京：農業圖書刊行會，一九四三），頁五四—五六、一九四。

條例〉（一八九六）和〈陸軍獸醫部條例〉（一九〇八），設置軍獸醫，全是日本人；職責是醫治和管理軍隊動物，以軍馬爲主。在民政方面，由臺灣總督府農商局殖產課負責家畜動物業務，包含衛生保健和動物相關查核與調查統計；一八九九年和一九〇〇年也先後公告〈臺灣獸疫預防規則〉和〈臺灣獸醫免許規則〉，分別規範需按規定通報、處置的獸疫種類，以及獸醫的作業規範和行爲處分。一九二六年，這兩法分別改爲〈家畜傳染病預防法〉和〈獸醫師法〉。

閹牛師父張樹聰（約一九一二年生）收藏的牛病象圖和處方藥冊。圖片來源：林美容，〈閹牛師父張樹聰和他的治牛症藥方〉，《民族學研究所資料彙編》第五期（一九九一年六月），頁一一三七。

依據上述法令在臺灣民間實地執行動物相關業務的人員，除了極少數從日本來臺的獸醫，和警察、保甲等各級行政人員，在醫事人員有限的日治初期，也仰賴軍獸醫和人醫中的公醫和醫院醫員等人員協助。例如一八九七年陸軍三等獸醫齊藤金平，也兼任殖產部家畜衛生事務囑託；陸軍獸醫部長宮本曉誕，一九〇〇—一九一〇年代長期協助民間的牛豬瘟防疫，並發表多篇研究報告；一八九八年臺南發生豬疫，是由臺南縣醫院長和醫員前往調查檢驗病原；[5]直到一九〇七年十一月的〈臺灣公醫規則〉，規範公醫在負責地區內要常常觀察研究並向長官報告的最後一類業務，仍是「市場、屠宰場及牛乳搾取所相關之事」；[6]這類業務是等到獸醫人數增長，才完全轉歸獸醫負責。

另方面，日治初期來到臺灣的日籍獸醫其實不多。僅從《臺灣總督府職員錄》觀察，一八九五—一九〇一年，全臺共有三十六位日籍獸醫分布在臺灣陸軍獸醫部、臺灣守備隊獸醫部工作；一九〇二—一九〇九年，全臺更僅十四位日籍獸醫分布在殖產局各單位、各地警務課、總務課、警察本署衛生課、軍隊工作。然而，獸醫的業務相當繁雜，舉凡動物與畜產相關的防疫、檢疫、診療、衛生、乳肉製品、屠獸、設備、建物、教育宣導、選種肥育等等，都是他們的工作。面對臺灣的動物和畜產管理，如何適時增加政府能認可的獸醫人力，就是個重要問題。

一九〇〇年，總督府公告〈臺灣獸醫免許規則〉，規範臺灣獸醫的任免與責任義

---

5 拙著，〈日治前期臺灣獸醫的誕生及其社會功能（一八九五—一九二〇）〉，頁一五—一六。

6 「臺灣公醫規則」（一九〇七年十一月五日），《府報第二三〇八號》，《臺灣總督府府報》，國史館臺灣文獻館，典藏號：〇〇七一〇二三〇八a〇〇一。

務。其中規定，「獸醫，指從農商務大臣及從臺灣總督府取得獸醫證書者」、「不適用於過去本島人從事獸畜治療業和閹業者」；也規定了獸醫的作業規範和行爲處分，如「無獸醫證卻從事獸醫業務者」和「無正當理由卻拒絕協助他人從事獸醫業務者」會處以罰金。[7]換句話說，只有從日本農商務大臣或臺灣總督府取得獸醫執照的人，方能成爲「官方認可的獸醫」並得以合法執業；臺灣民間傳統的閹業與草藥獸醫業者並不適用。在政府法令的規範下，近代西方的獸醫（學）因此透過官方法令，確立其正統的專業角色；臺灣民間傳統的動物醫生和醫療法也因此被排除在外。此外，在上述法規下，「獸醫」不僅是鮮明的職業和專業，也具有明確的公共服務性格，若無故拒絕他人的業務請求會被處罰。

至於上述「從日本農商務大臣或臺灣總督府取得獸醫執照」的方法，一是受過官方認可的獸醫教育，二是通過國家考試。之前提過，日本近代培育獸醫的主要機構是「農事試驗場」和「農學校」。日本統治臺灣後，至一九〇〇年末，官方在臺北、臺中、臺南三處均已設置農業試驗場，從事農畜產的試驗、講習兼招收農事講習生。這也與一九〇〇年總督府公告〈臺灣獸醫免許規則〉的時間有呼應。只是，這個時期的農業試驗場講習生只有「農科」，其內包含「獸醫學概論」的教學課程。

三、防治牛疫帶動農事試驗場「獸醫科」興起

本文一開始有介紹，歐洲近代獸醫（學）的出現，關鍵在臨床醫學和近代醫學知識的變革；近代獸醫教育學校的出現，關鍵在防治歐洲當時大流行的牛疫。而這個牛疫跟著人群動物和交通工具不斷擴散到全世界，包括臺灣。臺灣總督府發現到的全臺牛隻染疫（牛疫）數，一八九六年爲七十頭，一八九七年和一八九八年都是十六頭，且都分布在新竹以北。但在一九〇〇年，染疫數大增爲一七七頭，一九〇一年更一舉增爲一，五四四頭，且幾乎集中在臺南鹽水港。一九〇二年起，染疫頭數每年多是兩、三千頭，分散全臺，一九〇六年的染疫頭數更是達到過去未曾有過的五，一二三頭！

牛疫疫情來勢洶洶，對臺灣的農耕和畜產都有極大危害。牛疫染疫數大增的一九〇〇年前後，官方成立農事試驗場，也公告〈臺灣獸疫預防規則〉、〈臺灣獸醫免許規則〉。在民間，則是對基層員警和農民頻頻宣導教育，希望喚起大眾注意和正確防疫，

7 「臺灣獸醫免許規則」（一九〇〇年二月二日），〈府報第六八五號〉，《臺灣總督府府（官）報》，國史館臺灣文獻館，典藏號：〇〇七一〇一〇六八五a〇〇一。

不要用符咒治病也不要隱匿或轉賣病牛。一九〇二年起也在各地組織「農牛共濟組合」以協助借貸畜牛或融資救濟，同時透過「臨時獸疫檢疫部」抽檢跨區移動的牛隻健康，以及開始研究牛疫免疫法。一九〇五年，總督府殖產局在阿緱（今屏東）設立牛疫血清作業所，自製牛疫血清疫苗，一九〇六年起在阿緱廳開始應用。[8]一九〇六年，恰是牛疫染疫頭數達到歷年之最的一年。

然而，要對農民的牛檢查或接種疫苗，要先降低農民疑慮，使其同意；獸醫實際作業時，需要助手；在臺灣的獸醫也希望能提升社會地位和學習當時最新技術的疫苗防疫法。基於農產業發展、防治牛疫、培訓助手人才、謀求獸醫地位提升等等因素，臺灣總督府農事試驗場從一九〇六年七月起開設「獸醫科」，招收講習生十五人；入學資格爲：一、臺灣人；二、經過農事試驗場農事講習完成，或有同等以上學力；三、品行方正，年滿十九歲以上且身體強健；四、無家庭拘束能完成修業；入學後，需住宿試驗場內，修業半年以上。這是臺灣近代獸醫（學）官方教育的開始。[9]另須注意，這些學員限制必須是臺灣籍人，不能是日本人或其他國籍，且入學前均是已滿十九歲的成人年齡。

半年後，農事試驗場在一九〇七年初產生第一屆的十四位獸醫科畢業生（一人退學）。他們幾乎來自臺灣西部，僅一人來自東部的宜蘭廳。畢業典禮當日，民政長官代理等人冠蓋雲集。從典禮演說內容，道出了這批獸醫科生的求學過程和被賦予的期許：

講習生們以臺灣本島畜產中最重要的牛、豬作基礎，佐以其它馬、山羊、羊、犬、貓等家畜作為比較動物，學習解剖、生理、衛生、藥物、病理、病畜處理、獸醫警察法、飼養論和實習等學科。尤其學期中遭逢恆春廳發生嚴重的牛疫，故半年課程外再增加

《臺灣紀念寫真》中的牛群。

8 拙著，〈牛豬並濟——日本時代臺灣獸疫預防的轉向〉，《屏東文獻》第十八期（二〇一四年十二月），頁二六〇—二六一。

9 臺灣總督府農事試驗場，《臺灣總督府農事講習生一覽》（臺北：臺灣總督府農事試驗場，一九一五年），頁一—三。

二個月的時間到當地修業旅行，實際學習牛疫防治法。總計八個月的學習時間雖短且仍有不足，但對於農家的畜產或獸醫的助手而言，已能提供相當助力。[10]

以下就接續說明這些獸醫科生如何以獸醫專業和雙語特長，做爲日籍執法者和臺灣民眾之間語言、觀念和信任感的重要溝通管道。

四、一九一〇年代獸醫人數增加與投入社會

承前所述，因爲防疫、殖產和提升獸醫地位等需求，臺灣總督府農事試驗場開啓了獸醫科教育，旨在培養臺灣本土的獸醫學員。此獸醫科成立後，學制幾經調整和深化，到一九一一年底，獸醫科的入學條件、修讀時間和專業科目均約等於當時日本本土甲種農學校獸醫科的程度，也與日本〈獸醫免許試驗規則〉的考試科目相符。[11]而這樣的轉變帶來了什麼影響？

一方面，獸醫科的入學和畢業條件從一九〇七—一九一一年間逐漸延長和變難，也影響到學生人數。例如一九〇七年二月第一屆獸醫科畢業生有十四人，到一九一〇年

十二月第六屆僅剩兩人，總計全部六屆共計六十三人畢業；[12]與原定每屆招收十五人，若招收六屆應共有九十人相比，少了近三分之一。

二方面，由於一九一一年底的獸醫科學制已符合日本〈獸醫免許規則〉規定的「公私立學校依農商務大臣認可之專修獸醫學並有其畢業證書」，也符合獸醫執業的國家考試科目，一九一二年二月〈臺灣獸醫免許規則〉因此新增一條：「在臺灣總督府農事試驗場受過三年以上獸醫術講習且有畢業證書者，經過前項的檢定及試驗，須發獸醫免許證」；即農事試驗場獸醫科被臺灣總督（府）認可，允許考試及格取得畢業證書的畢業生，不用透過國家考試就可申請取得獸醫證書，擁有獸醫資格。換句話說，一九一一年前的獸醫科畢業生，不代表畢業就有獸醫資格，而自一九一二年的法規開始認可；這是對臺灣獸醫教育的一大肯定，有助增加臺灣的獸醫人數，也有助吸引學生入學就讀。

舉例來說，從一九〇〇年〈臺灣獸醫免許規則〉實施後至一九一二年一月間，臺灣

10 「獸醫講習生卒業證書授與式」（一九〇七年三月廿九日），〈府報第二二六〇號〉，《臺灣總督府府（官）報》，國史館臺灣文獻館，典藏號：〇〇七一〇二二六〇a〇〇七。

11 山脇圭吉，《日本帝國家畜傳染病豫防史　明治篇》（東京：獸疫調查所，一九三五年），頁六一。

12 臺灣總督府農事試驗場，《臺灣總督府農事講習生一覽》，頁一〇一—一〇六。

總督府總計發出十一張獸醫證書，其中八張給日治初期來臺的日本人，三張給一九一〇—一九一二年間留學日本後返臺的臺灣人。再到一九一三年底，臺灣總督府又發出獸醫證書第十二號。加上當時臺灣其他數名持有日本獸醫執照的日籍獸醫（含軍獸醫），總計全臺的獸醫人數，一九〇六年時有三十六名，一九一三年末時有一〇七名。待一九一二年初〈臺灣獸醫免許規則〉認可農事試驗場獸醫科畢業生資格，獸醫科也在一九一六年迎來首屆的新制畢業生；而一九一六年一至七月的半年間，臺灣總督就發出第二十二至三十八號共十七張獸醫證書，獲得者幾乎是臺灣籍，[13]發放速度也遠高於一八九六至一九一三年十七年間共發出的十二張證書。

再者，臺灣總督府農事試驗場從一九〇七至一九一〇年之六屆，共計產出六十三名獸醫科畢業生，每年平均十．五人畢業。而從一九一六年有首屆的新制畢業生，到一九二三年第八屆爲止，共有一二八名獸醫科畢業生，[14]平均每年（也是每屆）十六人畢業，且他們都可以用畢業資格，免經國家考試取得獸醫證書。從每年平均十．五人畢業，變成每年平均十六人畢業，顯然，一九一二年開始認可獸醫科畢業生可用畢業資格免經國家考試取得獸醫證書，一方面確實有助提升臺灣的臺籍獸醫人數，二方面也能吸引學生入學就讀。

可是，還有個問題是，臺灣的獸醫教育和法令為何是在一九一二年前後發生這麼大的改變？又這些臺籍獸醫科生與臺灣社會是否有什麼關聯？

原來，當時的臺灣社會，最困擾農畜牧業的牛疫從一九〇六年起採用疫苗防疫法，一九〇七年因此大減為一，八二八頭後，之後每年的染疫頭數高高低低，但一九一一年起又開始一個高峰期——一九一一年二，五九三頭，一九一二年四，三三六頭。[15]此外，臺灣總督府在一九一〇年代陸續頒布〈屠畜取締規則〉、〈獸肉營業取締規則〉、〈屠場設置規則〉、〈市場取締規則〉等等與獸醫業務相關的規則法令。無論牛疫防治，還是民間作息，都需要愈來愈多官方認可的獸醫，也因此刺激獸醫教育的學制改變。

再來觀察這些獸醫科臺籍子弟兵畢業後的發展走向。如獸醫科一九〇七年的第一屆

13 〈獸醫師獸醫及蹄鐵工〉，《臺灣之畜產》，第五卷第十二號（一九三七年十二月），頁三五；「獸醫免許證下付」（一九一六年八月十二日），〈大正五年八月臺灣總督府報第一〇八二期〉，《臺灣總督府（官）報》，典藏號：〇〇七一〇二一〇八二a〇〇六。

14 吉野秀公，《臺灣教育史》（臺北：臺灣日日新報社，一九二七），頁二二八。

15 高澤壽、松村歲春，〈臺灣家畜傳染病防遏史（一）〉，《臺灣ノ畜產》（一九三七年一月），頁五。

畢業生石圭璋，畢業後短暫在宜蘭廳庶務課任職，不久就在宜蘭開創武威牧場，從事牛乳業。[16]再以一九一五年《農事講習生一覽》記錄的畢業生當下職業或現狀爲例，獸醫科畢業生有擔任街庄役場書記、自營農、公學校雇或訓導、書房教師、日本留學中、醫學校在學中、商行事務員、雜貨商、醫師助手、餛飩製造業、各公私機構的社員、技術員、通譯（即翻譯）、雇員、臺灣農友會、農會、農事相關組合、農事試驗場、臺灣總督府研究所、財務局、阿猴廳南隆農場、死亡等等情形。[17]有的畢業生更是歷經公費留學後回臺就業。如農事試驗場第二屆的公費留學生中，有首屆的獸醫科畢業生張守經及吳澄坡兩人赴大阪府立農學校（今大阪府立大學）獸醫科留學。一九〇八年三月的第三屆公費留學生中，有第二屆獸醫科畢業生張永祥進入大阪府立農學校。他們留學返臺後，如楊漢龍擔任臺北廳農會助手、臺北廳翻譯，後成爲臺北市議會議員。張守經和張永祥任職於農事試驗場畜產部，或在臺灣各地的畜牛保健組合輪值服務。再如獸醫科第三屆畢業生洪蘭，畢業後輾轉進入臺灣總督府研究所衛生部，從獸醫學轉向，改而研究人類的霍亂和流行性感冒菌種，還取得京都帝國大學醫學博士學位。

上述這些獸醫科生或畢業後成爲獸醫者，他們的發展多元、散布臺灣各處。他們或自行經營農業，或協助執行動物管理相關法令，在各地方從事動物稽核、防疫、檢疫、診療、肥育、肉食和乳品檢查、教育宣導；尤其若從事公職，更是常能透過教育宣導與「管理」，影響臺灣人原有的畜產處置、畜產衛生和飲食安全的習慣與行爲。此外，全臺還有數百名修讀農科的學子們，而農科教材中常包括「養畜」或「獸醫學概論」課程。他們所接受的新式農學或獸醫學教育，也能影響自我與周邊人群的意識觀念和行爲作法，促使近代的獸醫學相關知識和動物衛生思潮在民間擴散。

當然，普通大眾也不一定會立即接受新的動物管理方式，或是自有變通之道。如隱匿病牛、賄賂講習生希望能從寬認定、群情激憤抵抗官方檢疫、乘夜破除柵欄牽走牛隻，或對獸醫及警察暴力相向奪回牛隻等事件，常可見於日治中期前的新聞報導中。而隨著官方一再實施多種的防治措施，以及獸醫等執法者一再檢查要求與教育宣導，從新聞報導所見的民眾反抗、毆打獸醫、偷竊或隱匿病牛、密埋屍體的情況逐漸減少，以及定期衛生檢驗所得的不合格率呈降低趨勢，都顯示臺灣人的動物衛生意識確實發生變化。[18]

16 〈雜報　雪白梅香〉，《臺灣日日新報》漢文版，臺北，一九一〇年十二月二日，版三。
17 臺灣總督府農事試驗場，《臺灣總督府農事講習生一覽》，頁六八－一一五。
18 拙著，〈日治前期臺灣獸醫的誕生及其社會功能（一八九五－一九二〇）〉，頁二一一－二一四。

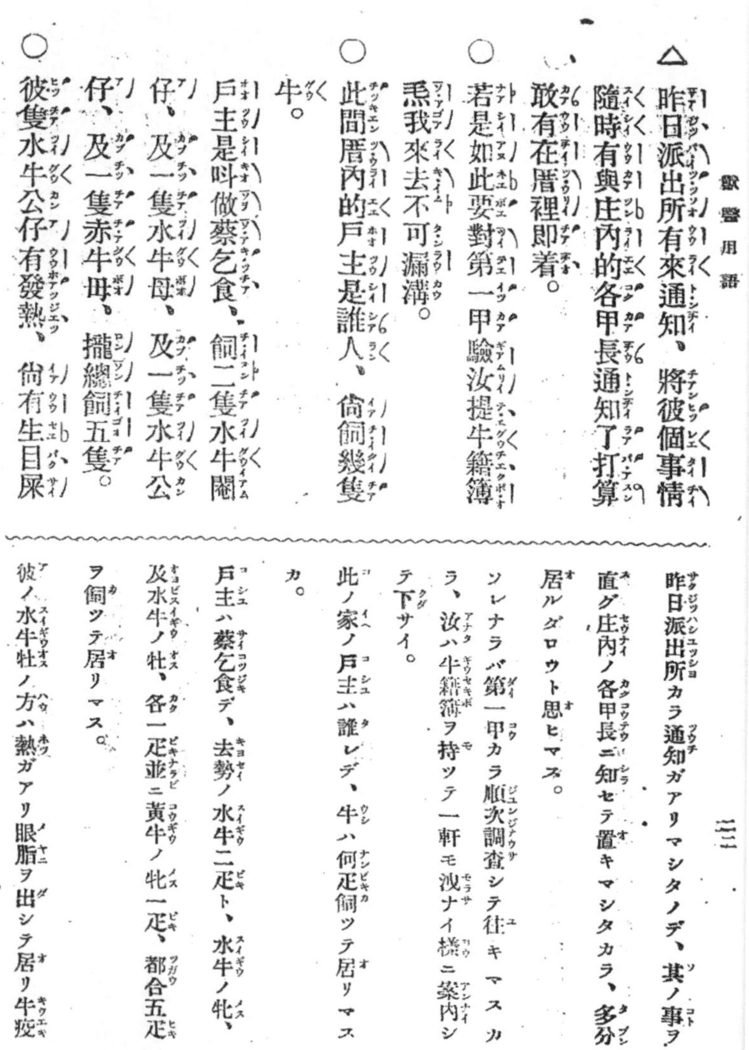

獸醫用語

△昨日派出所有來通知、將彼個事情隨時有與庄內的各甲長通知了打算敢有在厝裡即着。

○若是如此要對第一甲驗汝提牛籍簿悉我來去不可漏溝。

○此間厝內的戶主是誰人、尚飼幾隻牛。

○戶主是叫做蔡乞食、飼二隻水牛閹仔、及一隻水牛母、及一隻水牛公仔、及一隻赤牛母、攏總飼五隻。

○彼隻水牛公仔有發熱、尚有生目屎

昨日派出所カラ通知ガアリマシタノデ、其ノ事ヲ直グ庄内ノ各甲長ニ知セテ置キマシタカラ、多分居ルダロウト思ヒマス。

ソレナラバ第一甲カラ順次調査シテ往キマスカラ、汝ハ牛籍簿ヲ持ッテ一軒モ洩ナイ樣ニ案内シテ下サイ。

此ノ家ノ戸主ハ誰レデ、牛ハ何疋飼ッテ居リマスカ。

戸主ハ蔡乞食デ、去勢ノ水牛二疋ト、水牛ノ牝、及水牛ノ牡、各一疋並ニ黄牛ノ牝一疋、都合五疋ヲ飼ッテ居リマス。

彼ノ水牛牡ノ方ハ熱ガアリ眼脂ヲ出シテ居リ牛疫

獸醫用語之臺語與日語拼音注音。圖片來源：張永祥（第二屆獸醫科畢業生），〈獸醫用語 其一〉，《語苑》第十二卷第二號（一九一九年二月），頁二二。

五、農學校取代農事試驗場的獸醫教育

臺灣在一九一九年四月〈臺灣教育令〉實施前，其實沒有臺灣人可就讀的「實業」（近似「職業」）以上學校，之後才有相關的教育機構。例如一九一九年四月成立「臺灣公立嘉義農林學校」（今國立嘉義大學）和「臺灣總督府農林專門學校」（今國立中興大學）。這兩校都是農業學校，農業科課程均包括畜產及獸醫學相關。也由於實業以上學校教育機構的設置，臺灣總督府農事試驗場因此從一九一九年四月起停招講習生，待既有講習生全數畢業的一九二二年三月，講習生制度即行廢止。[19]

雖然一九一九年新學制開啓了臺灣實業以上學校的教育體制，臺灣各地也紛紛成立農業學校、專門學校、大學及其他各種學校，但直到一九四五年日本統治結束，全臺卻僅三校科系的畢業生可依〈獸醫免許規則〉或〈獸醫師法〉，以畢業生資格免經國家考試直接取得獸醫證書：一、高雄州立屏東農業學校畜產科，從一九三二年起；二、臺北帝國大學獸醫學專攻，從一九四三年起；三、臺南州立臺南農業學校獸醫科，從

19 臺灣教育會編，《臺灣教育沿革誌》（臺北：臺灣教育會，一九三九），頁八八一—八八二。

一九四三年起。

首先，一九二八年成立的高雄州立屏東農業學校畜產科，課程與農事試驗場獸醫科一九一二年後的課程幾近雷同。由於獸醫學的專業教育質量均足，該科因此於一九三二年二月獲〈臺灣獸醫免許規則〉指定。學生人數方面，畜產科預定招收五十人，但實際上每年僅三、四十人修讀。

其次，一九三九年成立的臺南州立臺南農業學校，其畜產科在一九四一年四月改爲獸醫科後，一九四三年十月也獲〈臺灣獸醫免許規則〉指定。此科實際的在學生人數，每年約三十人。

其他臺灣各地農林學校的農業科，或農業實業補習學校、臺灣青農學校，甚至臺灣總督府農林專門學校（今國立中興大學），雖有畜產學、獸醫學等課程，但獸醫學專業課程的質量不足，因此到日治結束都沒有獲〈臺灣獸醫免許規則〉指定，學生也無法以畢業資格取得獸醫證書。

第三，臺北帝國大學理農學部，原本畜產和家畜衛生等課程偏少，直到一九四〇年代才「以軍方之希望爲背景」，[20]擴充相關課程，並於一九四三年設置「獸醫學專攻」；學生畢業獲得「獸醫學士」，且依〈獸醫師法〉，可以畢業資格取得獸醫證書。

這批學生預計每屆最多招收十人，但實際上，首屆入學的僅七人，全爲日本籍，之後入學的人數更少。此外，學生畢業時臺灣已經改隸，他們因爲日本籍全被遣返，未留在臺灣工作。[21]

六、獸醫教育與政治社會

如果比較上述這些學校學科與臺灣總督發出獸醫證書數量的關係，如下頁表一顯示，臺灣總督發出獸醫證書號的數量，以一九二二年前和一九三三年後爲多；一九二二—一九三三年十二年之間的獸醫證書核發數量明顯較少。

這期間的轉折，是一九三二年二月獲〈臺灣獸醫免許規則〉指定的屏東農業學校畜產科，在一九三三年三月產出首屆的畢業生三十四名（含五名日本人）；而一九三五—一九三七年臺灣總督平均每年發出三十一張獸醫證書的數值，也大致合乎屏東農業學校

20 松本巍撰，蒯通林譯，《臺北帝大沿革史》（臺北：出版者不詳，一九六〇），頁四九—五〇。
21 拙著，〈從職業訓練到學校教育——日治時代臺灣獸醫教育的發展〉，頁十九—二〇、二四—二六。

表一、臺灣總督獸醫證書發放數表

	臺灣總督發出獸醫證書號	備註
一九二〇年三月—一九二二年三月農事試驗場獸醫科講習生全數畢業	第六八—九六號	三年發出二十九張，平均每年十張
一九三三年五月	第一四二—一四五號	一九二二—一九三三年十二年，共僅約四十五張，平均每年三・七五張
一九三三年五月—一九三七年	第一四五—二六八號	四年發出一二四張，平均每年三十一張

資料來源：筆者。

畜產科每年產出的三、四十名畢業生人數。由此再次明顯呈現，有沒有被〈臺灣獸醫免許規則〉指定認可的學校、機構，連帶影響著臺灣總督核發獸醫證書的數量，或是臺灣的獸醫增加人數。

而且，上述的資料也顯示出，一九一九年臺灣學制修改後，臺灣各地雖然增加了不少各級學校的農學、畜產相關教育，但卻僅極少數科系的畢業生可以畢業資格不透過國家考試直接取得獸醫證書（就僅前述三校的三科系）；加以農事試驗場獸醫科講習生的結束，反而影響到臺灣獸醫證書的核發數量，也明顯降低臺灣獸醫人數的增幅。

此外，影響上述臺灣獸醫教育與獸醫證書核發速度的因素，除了獸醫教育本身的發展，更是因爲政治與社會的需要。更進一步說，一九一九年臺灣學制修改後，直到一九三二年才有高雄州立屏東農業學校畜產科，一九四三年再有臺北帝國大學獸醫學專攻和臺南州立臺南農業學校獸醫科，依規則被認可其畢業生可以畢業資格直接取得獸醫證書。這個時間發生在一九三〇和一九四〇年代，而非一九二〇年代，實關係著臺灣島內和日本國家政策的需求。

首先，僅計算臺灣的牛、豬、山羊、雞飼養數量，從一九〇〇年全臺總計三百五十六萬隻，到一九三七年達到九百三十五萬隻的最高峰，三十七年間多了二．六倍；之後因戰爭逐步遞減，到一九四五年成爲四百九十三萬四千隻。與之增長相關的，是屠宰、產物檢查、治療、查驗、檢疫、統計等等業務需求的增加。僅以法定傳染病爲例，牛疫在一九一八年後即趨近於無；豬瘟從一九一八年後成爲臺灣家畜的最主要傳染病，至一九三〇—一九三六年間尤多；家禽霍亂從一九二七年開始統計，其疫情到一九三〇、四〇年代異常嚴峻，染疫數量遠大於牛豬疫情。[22]換言之，一九三〇年代後，由於比起過去更嚴峻的家禽家畜疫情，也需要有更多的獸醫來支援。

22 臺灣行政長官公署統計室編，《臺灣省五十一年來統計提要》（臺北：臺灣行政長官公署統計室，一九四六），表二四九。

另方面，日本從一九三一年九一八事變（或稱滿洲事變）開始，尤其一九三七年中日戰爭爆發後，日本軍隊的軍馬和新領地的畜產都亟需獸醫，加以日本國內畜產的發展和防疫需求，使日本對於專門學校以上程度的獸醫有極大需求，官方因此大幅增加獸醫專門學校的校數與招生名額，並新設置「獸醫手」的救急制度，期待生員受訓畢業後能馬上就職服務。與獸醫知識相關的技術教育和研究調查機構也不斷擴增。此際，獸醫不只是幫動物防治疾病、公共衛生，更是深刻關係著國防和政治需要。臺灣在此洪流中，也迎來一九三〇、四〇年代的獸醫教育興盛期。[23]這也再次呈現出，日治時代影響臺灣獸醫教育變革的主因，比起獸醫學知識或獸醫教育本身的進步發展，更是因為社會或政治的需要。

七、小結

本文簡述近代臺灣獸醫教育的產生與獸醫學知識帶來的動物管理方式變化，兼論與社會局勢的互動影響。

首先，臺灣近代獸醫教育的源頭是歐洲十八世紀成形的近代獸醫學，一八九五年因日本統治臺灣而在臺灣實施。一九〇〇年代，面對牛疫疫情與產業發展，臺灣總督府一九〇〇年公告實施〈臺灣獸醫免許規則〉，定義何謂「獸醫」，也明示「獸醫」不僅代表著一項專業職業和技術，在官方的規範下也具有公共服務性質；臺灣民間傳統的閹業與中獸醫業者或草藥業者也因爲此法規，被排除在官方認可的獸醫身分之外。

另方面，臺灣總督府也透過農事試驗場培訓臺籍的獸醫科生。隨著訓練質量逐漸加深，終至等同日本獸醫教育學制和獸醫國家考試科目，一九一二年，農事試驗場獸醫科生也可以畢業資格直接取得獸醫證書；這是對臺灣獸醫教育的極大肯定，也使臺籍的獸醫人數較過去快速增加。而此時會改變學制與法規的原因，需考量到時疫增加，還有臺灣一九一〇年後不斷設立農會、農事組合或保險組合，以及密集頒布〈屠畜取締規則〉、〈獸肉營業取締規則〉、〈屠場設置規則〉、〈市場取締規則〉等等畜產相關規則，對獸醫人員的需求大增。

這些獸醫科生畢業後散布全臺，或做爲溝通日本行政人員、獸醫和臺灣大眾兩端之中介，或在依法行政的基礎上，執行動物、畜產與相關人地事物的疫病防治、改良、查

23 全國農業學校長協會編，《日本農學發達史》（東京：農業圖書刊行會，一九四三），頁五五四、五五六。

核、檢疫、登錄、教育宣導等工作。普通人對於動物和相關物產的管理習慣，也因爲各項法規限制，和透過執法人員不斷地教育宣導而逐漸改變。

一九一九年〈臺灣教育令〉頒布實施後，臺灣各地雖然接連創設多所的農業畜牧相關學校，但實際上，臺灣獸醫證書的核發與獸醫人數卻在一九二二—一九三二年間出現增長空窗期。這是因爲，絕大多數學校的獸醫學課程質量不足以使學生可以畢業資格取得獸醫證書；加以臺灣總督府農事試驗場也從一九一九年四月起停招講習生，結果是臺灣總督府核發的獸醫證書數量，在農事試驗場講習生全數畢業的一九二二年後明顯陡降。此時，就仰賴臺灣過去已培育出的獸醫和從日本來臺的獸醫來補充臺灣的獸醫需求。直到一九三二年，高雄州立屏東農業學校畜產科畢業生可依〈臺灣獸醫免許規則〉取得獸醫資格，才使臺灣獸醫證書的核發張數和臺籍獸醫人數增幅再見起色。再之後，直到一九四〇年代，才再有臺南州立臺南農業學校獸醫科及臺北帝國大學獸醫學專攻的畢業生，可以畢業資格取得獸醫證書，當然也能加快臺灣獸醫的產出人數。而上述臺灣獸醫科教育和獸醫證書核發數量會在一九三〇、四〇年代增加，分別關係著臺灣社會畜產防疫和日本在戰爭期間需要醫療軍馬和對占領地畜產防疫的需求，因此加速生產相關的技術人力。

最後，額外一提。表二是臺灣在日治時期具有獸醫學教育的學校與當代具有獸醫科系/學院的大學簡表。表二呈現出，日治時期，全臺僅三校的畢業生可免經國家考試取得獸醫證書。可是這些學校到一九四五年戰爭結束後，是選擇走向擴大原有的農科教育傳統，擴增獸醫學的課程，直到足夠成爲一個獸醫學科系；還是因爲社會需求、學生人數的種種考量，轉向成爲綜合高中或是改爲動物系，這些種種的變異，是形構他們是否成爲當代具有獸醫科系大學的關鍵因素。此外，當代臺灣的獸醫教育由於社會環境變遷，成爲以醫治貓狗等小動物爲主，也已經和過去以醫治牛馬等大型哺乳動物的獸醫教育不同。

表二、臺灣在日治時期的獸醫學校與二〇二三年元月時具有獸醫科系／學院的大學

<table>
<tr><th>當代校名</th><th>原名</th><th>創立時間</th><th>日治時期學生可以畢業資格取得獸醫證書</th><th>一九四五年戰後發展</th><th>當代是否有獸醫科系／學院</th></tr>
<tr><td>國立嘉義大學</td><td>臺南州立嘉義農林學校</td><td>一九一九</td><td>X</td><td rowspan="2">一九五〇年代以後不斷擴增畜牧獸醫課程</td><td rowspan="4">V</td></tr>
<tr><td>國立中興大學</td><td>臺灣總督府農林專門學校</td><td>一九一九</td><td>X</td></tr>
<tr><td>國立屏東科技大學</td><td>高雄州立屏東農業學校</td><td>一九二八</td><td>V
（一九三二）</td><td rowspan="2">持續發展畜牧獸醫課程</td></tr>
<tr><td>國立臺灣大學</td><td>臺北帝國大學</td><td>一九二八</td><td>V
（一九四三）</td></tr>
<tr><td>國立臺南大學附屬高級中學</td><td>臺南州立臺南農業學校</td><td>一九三九</td><td>V
（一九四三）</td><td>一九五七年成立家畜病院，一九九七年轉向綜合高中而非大學</td><td>X</td></tr>
<tr><td colspan="6">補充</td></tr>
<tr><td>國立宜蘭大學</td><td>宜蘭州立宜蘭農林學校</td><td>一九二六</td><td>X
（但有較他校更豐富多樣的獸醫學課程）</td><td>原「農科」於二〇〇〇年轉爲動物系，強調生物科技而非醫學技術</td><td>X</td></tr>
</table>

備註：另有二〇一四年成立的中國醫藥大學中獸醫碩士學位學程，和二〇一六年成立的亞洲大學學士後獸醫學系。

資料來源：筆者。

人狗關係的演變

——探討動物保護運動中狗的角色與作用

趙席敻
中央研究院近代史研究所博士後

一、前言

「犬」在人類歷史上進入人們的生活開始在新石器時代。犬與人類關係之所以密切，乃是人類史上最早被人馴化的動物。早在一萬六千年前東南亞就開始有狗進入人的生活。[1]而「狗可能在歐洲或近東，以及亞洲各馴化了一次」，所以有研究顯示這是雙

1 這篇研究認為狗是由狼馴化而來。Elizabeth Pennisi, " Study Reasserts East Asian Origin for Dogs. " *ScienceNOW*.（2009），https://web.archive.org/web/20130621153708/http://news.sciencemag.org/sciencenow/2009/09/01-01.html（二〇二二年十一月廿一日檢閱）。

重進化的過程。[2]不管如何演變，狗在走入人的生活後，就是用牠的生命爲人類服務。狗的歷史其實是人類歷史中的一部分，而狗生與人生的結合歷史悠久卻至今仍是血淚交織。

先瞭解一下祖先是狼的狗如何被稱爲「犬」或「狗」。中國最重要的辭書《爾雅》將動物分類，其書最後五篇是〈釋蟲〉、〈釋魚〉、〈釋鳥〉、〈釋獸〉、〈釋畜〉，亦即分動物爲五大類，並個別舉例介紹其特性。[3]這樣解釋「狗屬」，「古代『犬』和『狗』相對而言，大狗稱犬，小狗稱狗。但一般情況下，『犬』和『狗』可通用」。早在春秋時代已開始區分犬種，只是當時僅以中國境內部分的犬種用不同的詞語去區分。如「狗四尺爲獒。身體高大的猛犬。《左傳》宣公二年：公嗾夫獒焉。明搏而殺之」；[4]這表明了「獒犬」出現得很早，且不盡然是發源在青康藏高原。《爾雅》有些版本更清楚地描述牠們的特徵「肉食類者，形類最多。其指端皆有鉤爪。門齒薄而鋒利。差能撕肉，舌有粗刺。貓犬獅虎狼狸……獵虎等是也」。[5]所以狗與犬的混用已是年代久遠，不復其原意。

事實上，到了近代的中文語意人們已習慣稱「狗」多過「犬」，很多時候是在分別其品種與功能時，才會用到犬，例如：牧羊犬（shepherd dog）、黃金獵犬（golden retriever dog）；工作犬（work dog）、獵犬（hound），以及取悅人的「寵物犬」（pet dog）。亦有兩種混用的名詞，例：忠犬與忠狗（前者以日本電影《忠犬ハチ公》，臺灣譯《忠犬小八》[6]、迪士尼的《一〇一忠狗》都是非常成功的狗主角電影，使得大麥町的代名詞是「一〇一忠狗」，而小八其實是秋田犬，卻常被誤會是柴犬）。至於日常聽到的「流浪狗」與「流浪犬」都是混用，泛指無主無名無家無人管領的狗。

流浪狗的關懷保護與動物保護運動是結合並

忠犬小八。

2 黃貞祥，〈狗狗的雙重起源〉，https://web.archive.org/web/20210312234526/https://case.ntu.edu.tw/blog/?p=24882（二〇二二年十一月廿一日檢閱）。

3 楊家駱主編，《爾雅注疏及補正》（臺北：世界書局，一九八五），頁十九－二七；周祖謨，《爾雅校箋》（南京：江蘇教育出版社，一九八四），頁一。

4 徐朝華註，《爾雅今注》（天津：南開大學出版社，一九八七），頁三五一－三五二。

5 沈國威編著，《新爾雅》（上海：上海辭書出版社，二〇一一），頁一四六。

6 「忠犬八公」，《維基百科》，https://zh.wikipedia.org/zh-tw/%E5%BF%A0%E7%8A%AC%E5%85%AB%E5%85%AC（二〇二二年十一月廿一日檢閱）。

包含在其中，但狗卻是運動中的關鍵與靈魂。早在十九世紀英國已開始了一系列的動物保護法，[7]對包含狗與其他與人類關係密切的動物加以法律保障，並依此法而成立了世界上第一個動物保護組織「防止虐待動物協會（Society for the Protection of Animals；SPCA，1824）；到一八四〇年這個組織獲得維多利亞女王的賜名，「皇家防止虐待動物協會（Royal SPCA，後稱RSPCA）」，迄今仍是世上最活躍與影響力甚大的動物保護組織之一；且與中國近代的動物保護人士接觸甚早，上世紀的中國，因爲呂碧城（一八八三—一九四三）的主動接觸而開始瞭解一些中國的動物狀況；[8]之後在臺灣的九〇年代也參與協助民間動保運動。

以往對動物保護運動的研究泰半是在社會科學的法律、倫理學層面，與人文學有關的則是文學、哲學的論文探討爲多。動保運動被視爲是社會運動的一種，卻較不受歷史學的青睞。動物與動保在人文學科中，涉及到狗的歷史部分並不多，流浪狗更少，泰半偏向文學領域居多。[9]以歷史學科討論狗與流浪動物、動保運動並不是主流研究的論

《歐美之光》內載「編譯者呂碧城女士之像」。

題，更往往忽視狗與人類社會發展上長期密切的歷史作用。近代史的研究近來拓展至環境史與人類社會發展的面向，這一歷史關係正是新開發的領域，做爲環境中主體的人類與動物關係，就更值得多加研究。而狗是動物中與人關係最密切直接，甚至深度參與到人類歷史活動之中，雖然也產生一些衝突，可這樣複雜的歷史關係，就更需加以好好探究。以歐美歷史發展論，當十九世紀以後，注重人與動物關係的動保運動相繼在歐洲或

7　一八二二年即透過英國會議員理查．馬丁（Richard Martin）所提出的法案——「防止虐待與不當對待家畜法」，又稱「馬丁法」（Martins Act），這也可被視為是全世界第一部動保法。雖然這一法案宣示意義大於實質，但也啓動後來的連串修法，並且以法律明定所謂家畜的範圍，狗是第一批被納入保護的動物。相關資料可參考，〈外國法案介紹——動物保護法〉，《國會圖書館館訊》，卷十七期一（二〇一六），頁廿七—廿八。

8　呂碧城與RSPCA的接觸與譯介的部分內容可參考：賴淑卿，〈呂碧城對西方保護動物運動的傳介——以《歐美之光》為中心的探討〉，《國史館刊》，第二三期（二〇一〇），頁九〇—九一。

9　舉較具代表性的，如黃宗慧，〈劉克襄《野狗之丘》的動保意義初探：以德希達之動物觀為參照起點〉，《中外文學》，卷三七期一（二〇〇八），頁八一—一一五；黃宗慧，〈是後人類？還是後動物？：從《何謂後人文主義？》談起〉，《思想》，期二九（二〇一五），頁一一七—一四二；黃宗慧，《以動物為鏡：十二堂人與動物關係的生命思辨課》（臺北：啓動文化，二〇一八）。大學的通識課程直到二〇〇〇年後才有人與動物的課程，同樣的多是屬於文學、倫理學的範疇，不是歷史學門。黃宗潔，〈貓眼的視角．狗臉的歲月——略論華文世界的貓狗文學〉，《閱：文學　臺灣文學館通訊》，第七二期（二〇二一），頁一三一—一五四；黃宗潔，〈城市流浪動物的「生殤相」：以駱以軍、杜韻飛作品為例〉，《中外文學》，卷四二期一（二〇一三），頁一〇七—一二八。邵育仙，〈浪．情〉，臺南應用科技大學美術系碩士論文，二〇一一。

近代中國出現，[10]當中狗在這波運動裡扮演著非常關鍵的靈魂角色，透過理解動物，尤其是與人關係密切的狗，由被馴養、捕殺到變成被保護的角色的演變過程，其意義正是人在環境中的主導作用，透過這樣的歷史探討，更深切理解人與動物、環境的變遷發展歷程，而這也是本文的關懷所在。

二、狗與人的關係演變

（一）人狗關係的追溯與演變

人類漫長的歷史裡，狗雖然進入的時間極早，但是關係很單一，狗之於人就是功能性的輔佐者，狩獵時代伴隨主人去打獵；進入農業社會，則是守護主人、看家護院，當然也會跟著主人偶爾去狩獵，但慢慢地這種功能就隨生活型態的固定，越來越退化，於是除少數獵犬保有此能力，許多狗都慢慢鈍化或失了這種狩獵的能力。可見傳統上的人犬關係定位大多集中且來自於生活上的關係，人們在觀念上很固定，「犬守夜，雞司晨」，《三字經》裡對「家犬」（Canis familiaris、domestic dog）的描述，定位始終就是「守護」，重點則是「忠誠勤良」（忠心耿耿、勤於看家、馴良護主），家犬未必是「寵物犬」（pet），[11]這個詞彙的產生在中國近代史上是很當代，要到二十世紀後半葉才在中文語彙裡被廣泛使用。

犬因忠義而成傳頌的主角，這類故事甚多，信手拈來比比皆是。甚至有爲義犬立碑，還要讓殺害狗者，仿效秦檜跪於岳飛墓前，讓殺害狗者跪於狗墓前懺悔。清代名臣

10 比較有代表性的研究當推李鑑慧的系列文章，她以英國動保運動為核心的研究，自其博士論文到系列期刊論文。李鑑慧，〈挪用自然史：英國十九世紀動物保護運動與大眾自然史文化〉，《成大歷史學報》，第三八期（二〇一〇），頁一三一—一七八；李鑑慧，〈由「棕狗傳奇」論二十世紀初英國反動物實驗運動策略之激進化〉，《新史學》，卷二三期二（二〇一二），頁一五五—二二五；李鑑慧，〈回首第一代英國反動物實驗運動〉，《思想》，第二九期（二〇一五），頁一四三—一六〇；李鑑慧，〈由邊緣邁向中央：淺談動物史學之發展與挑戰〉，《成大歷史學報》，第五八期（二〇二〇），頁二五三—二六四。另有針對日本殖民臺灣時期對流浪狗管理的歷史探討。李若文，〈殖民地臺灣的家犬觀念與野犬撲殺〉，《中正歷史學刊》，第二一期（二〇一八），頁三一—七一。

11 根據英國史家 Thomas Keith 之說，寵物（pets）有三大特徵：與人類同住於屋內，住屋外不算；通常以人名為其取名，以及不能宰殺食其肉。參見，Adrian Franklin, *Animals and Modern Cultures: A Sociology of Human-animal Relations in Modernity*（London: Thousand Oaks, Calif.: Sage Publications, 1999）, pp.13-14. 他的論點是養寵物已成為複雜的文化活動，自十八世紀以後的英國，不只是上層階級，中產階級也有此傾向，這些寵物甚至過得比僕人更好，牠們有裝飾的領結、衣飾與鈴鐺等，人們以充滿感情和時髦的心情對待牠們，並成為家庭的成員之一。詳細的討論參見 *Animals and Modern Cultures: A Sociology of Human-animal Relations in Modernity* ,Chapter 5 ,Pets and Modern Culture, pp.84-104.

紀昀是個妙人也是極愛狗的人，他曾被貶流放新疆，在烏魯木齊養了幾隻狗作伴，後來得到特赦準備回京，其中一隻黑犬叫四兒，一路尾隨不忍分離，竟跟到京城。途中謹慎守住紀昀的行李，除他外，任何人想動行李都遭吠咬，即便是隨行的僕人也不可以動，經過七達坂山時，行李一部分在北，一部分在南，四兒獨自睡在山嶺最高處，兩邊都可顧守，有人影晃動就巡視吠叫。到京師後一年，有一晚四兒突然中毒而死，僕人稱是盜賊所毒殺。紀昀很傷心，為牠立墳立碑，書「義犬四兒墓」，並將一年前隨他回來的四名僕人雕像跪在其墳前，因他心中有數，根本是這四人所為，卻假托盜賊，這些僕人憎惡牠太忠心與看守物品太嚴，使他們無上下其手的機會。後來是友人勸紀昀，這四個奴才跪在四兒面前，恐怕四兒天天看他們也討厭，紀昀才打消此念頭，只在四個僕人房門上題字「師犬堂」，做為教訓。[12]這則故事裡看到狗在清代大儒的家中，除了看顧主人財物，也是邊陲荒涼處境裡作陪的良伴，狗在人的生活中，又多了陪伴的功能，心理上是義氣相挺的友伴。至於有些愛狗之人，將家犬視如「家人」，就有點類似現代所說的「寵物犬」，但在上世紀的觀念中，這尚不是人們的共識，而是因人而異，家犬的處境也很懸殊。

狗除了守護與陪伴的功能外，在近代之前，肉品來源匱乏的時代，當然也有人將牠們視爲一種肉品的供應源。漢高祖劉邦斬白蛇起義前，也是個喝酒吃狗肉的地痞，來往的亦多是屠狗之輩，可見狗肉在下層社會裡是容易取得的肉源之一。另外《本草綱目》將狗肉稱爲「地羊」，兩廣與貴州都是好吃狗肉的地方；臺灣則稱其爲「香肉」。[13]直至今日中國東北的吉林、廣西仍是合法公開售賣狗肉的地方，此陋習在北方或南方皆有，也是朝鮮族的愛好，在兩廣愛吃的則是漢人居多。透過幾則故事可以看出這關係的演變，尤其是佛教傳入中國，其影響所及，唐宋後尤其是上層的士大

被人類豢養的狗。

12 紀昀原著、嚴文儒注釋，〈義犬四兒〉，《新譯閱微草堂筆記》（臺北：三民書局，二〇〇六），上冊，頁三九五—三九六。

13 有關中國吃狗肉的研究可以參考，劉樸兵，〈中國的狗肉文化〉，《中國飲食文化基金會會訊》（二〇〇三），頁十九—二二。朱振藩，〈古今食香肉大觀〉，《歷史月刊》，第一〇六期（二〇〇六），頁一〇二—一〇六。皮國立，〈「食補」到「禁食」：從報刊看臺灣戰後的香肉文化史（一九四九—二〇〇一）〉，《中國飲食文化》，卷十六期一（二〇二〇），頁五五—一一四。

夫階層，紛紛以不吃狗肉為尚。在歷朝歷代的典籍中，對於食犬肉還是頗有責難，宋代的《太平廣記》中就有一篇題為〈李紹〉的故事，就因好吃狗肉，殺狗太多，有一次得到一頭黑狗，突生悲憫而畜養牠，有一晚他喝醉酒半夜回家，黑狗就吠他，氣怒難消的李紹，拿起斧頭就向黑狗砍去，卻砍中踏出門觀看的兒子，當場慘死，全家震恐，轉而要捕捉黑狗，卻已不知所蹤，沒多久後李紹得病，症狀是有如狗嗥，聲絕而死，[14]這是用因果報應的方式在反對吃狗肉。除了中國，至今仍以吃狗肉為尚的是韓國，且不分南北韓都愛吃狗肉。並且始終都認為是尋常的傳統文化，哪怕被國際抗議，還是照吃不誤，覺得是西方文化的霸權不尊重韓國傳統文化。但這不是固有的中國飲食傳統。

在中國上層社會，人們不以吃狗肉為尚，甚至不吃，因為狗的功能遠高於吃其肉，而是娛樂，亦即狩獵。尤以滿人的愛狗、敬狗為代表，清代就嚴禁滿人吃狗肉穿狗皮，且規定狗死後需安葬。相傳因為狗救過努爾哈赤的命，所以滿清皇室帶頭愛狗與敬狗。雍正更是愛狗，還親自替狗設計住屋與衣服等用品，最受雍正喜愛的兩隻狗取名「造化狗」、「百福狗」，可見親自為愛犬取名的不只慈禧，雍正也是其一，這與以往傳聞雍正刻薄寡恩的形象頗有反差。乾隆也養很多獵犬，還讓郎世寧（一六八八－一七六六）畫了〈十駿犬圖〉。慈禧是另一位著名的愛狗人，宮中養了二、三十隻狗，都是養一對，使其能繁衍後代，且親自取名，注重訓練，能聽其口令做動作，相當現代化。據說她對如何養育哈巴狗（中國現稱京八犬）很有心得。[15]清宮內設有養犬的官與場所，《清史稿》記載：「管理養鷹狗處大臣，無員限。養鷹鷂處統領二人。侍衛內揀補。藍翎侍衛頭領、副頭領各五人。六品冠戴。養狗處統領二人。藍翎侍衛頭領五人，副頭領十人，六品冠戴九人。七品一人。筆帖式六人」，[16]根據研究，「養狗處是清廷飼犬機構的統稱，有內養狗處和外養狗處之分。根據官書和檔案記載，康熙朝有犬房、狗房、御犬處和外養狗處等名目，犬房和狗房義同字不同；康熙朝滿文朱批奏摺譯作御犬處，係相對於外養狗處，實爲今人的滿語漢譯，因此，犬房、狗房、御犬處均係指位處紫禁城內的內養狗處」。[17]這些宮廷狗稱得上是很貴氣的狗，血統純正，頗接近「寵物犬」的待遇，但畢竟是少數，也不足以說明清代多數狗的處境是在較好的時期。

14 李昉等（編），〈李紹〉，《太平廣記》，收錄於紀昀等（總纂），《景印文淵閣四庫全書》（臺北：臺灣商務印書館，一九八三—一九八六），子部，卷一三三，頁十一—十二。

15 王戈，〈帝王家的狗〉，《紫禁城》，二〇〇六年期二，頁七—八、一〇。侯皓之，〈見盛觀衰：盛清諸帝飼犬活動的演變與意義〉，《漢學研究》，卷三一期三（二〇一三），頁七四。

16 趙爾巽等著，《清史稿》，「志九十二」，https://ctext.org/wiki.pl?if=gb&chapter=843465（二〇二三年十一月廿一日檢閱）。

17 侯皓之，〈見盛觀衰：盛清諸帝飼犬活動的演變與意義〉，頁一四〇。

民國以後，狗與人的關係慢慢在一些大城市，隨著西方設租界或多有交通往來的地方，而開始有現代化的轉變。很多名人以愛狗出名，這當然也帶動狗的地位，人狗關係也更受矚目。政界中愛狗者不少，蔣介石與宋美齡是非常有名的愛狗夫妻，尤其是宋美齡自年輕到老，都愛狗且常有人狗嬉戲的照片。蔣家的狗成了蔣介石一九五〇年來臺之後生活上的重要角色，不管是在士林官邸被訪問、接見外賓，或是與侍從人員合影時都常見到有狗的身影，狼犬、白色土狗，黑色可卡犬，這些官邸的狗在蔣的晚年不僅是玩伴，狼犬更有官階也是每晚守在臥室門外的守護者。[18]社會名流中愛狗者也不少，民國才女呂碧城的愛狗，在她的詩中可見。她有一隻小狗，取名杏兒，因其全身是金色鬈毛，後來出國念書，只好贈與友人，杏兒後來因病死去，她接獲友人信，還爲牠賦詩紀念，「依依常傍畫裙旁，燈影衣香憶小窗。愁絕江南舊詞客，一梨花雨葬仙龐」。[19]她對狗視如家人對待，觀念上近於西人。她學成歸國後又養一洋犬，有一天被洋人的車撞傷，她不但送去戈登路的獸醫院治療，[20]還聘律師與對方交涉，至狗傷癒，交涉始罷。也可側看出上海有些租界內已有西方的獸醫院，這也是另種現代化的特徵。

同樣地在有英法德租界的大城市，如上海，家犬的地位或許因主人觀念的西化而有較好的境遇。但也不是所有租界區都這麼先進。至於當時被日本殖民的臺灣，狗與人的關係又如何？日本人對狗與人所施行的規範或政策，重點是公共衛生。據學者的研究顯示，日本將其本土經驗移轉到臺灣來，對動物進行分類與管理，首當其衝的就是狗。由於臺灣人養狗的習慣與日本不一樣，民間養狗都是半放養方式，也就是開放式放養，任其在家的四周或村子裡到處遊走，餵食上有固定或不定時，甚至是有一餐沒一餐的，使牠們的身分在流浪與家犬之間，只要不咬人惹事（例：咬死鄰居的雞或踐踏菜園等行爲），這些「家犬」是很自由的，至於洗澡可能談不上，若是萬一生病，有些就任其運氣，沒有就醫的機會亦未必有獸醫。早期臺灣的獸醫都是以治療大動物，如牛、豬等爲主，[21]即使是中國的北方農村，也有類似的情況。

---

18 關於蔣家的狗有些研究，邵銘煌，〈宋美齡戲蔣家愛犬珮瑯〉，《傳記文學》，卷一一二期五，頁四—十七；邵銘煌，〈狗亦有靈：蔣家的小黑犬與小白狗〉，《傳記文學》，卷一一三期一，頁四—十八。資料上以官邸侍從人員談到的最多，應舜仁與郭斌偉都在訪談時回憶很多蔣介石與狗的互動，以及蔣家官邸的狗身影。黃克武訪問、周維朋紀錄，《蔣中正總統侍從人員訪問紀錄》（臺北：中央研究院近代史研究所，二〇一四）。

19 她在詩前有記敘：小犬杏兒燕產也，金鬖被體，狀頗可愛。余去滬時贈諸尺五樓主，昨得來信謂因病物化，已瘞之荒郊，為悵惘累日，云賦此答之。（標點乃筆者所加。）呂碧城著、李保民箋注，《呂碧城詩文箋注》（上海：上海古籍出版社，二〇〇七），頁六一；劉納編著，《呂碧城：評傳．作品選》（北京：中國文史出版社，一九九八），頁十八。

20 鄭逸梅，〈呂碧城放誕風流〉，《人物品藻錄》（上海：日新出版社，一九四六），頁七六。

21 臺灣大學獸醫系緣起於帝國大學的理農學部下設的畜產學講座。於民國三三年時將畜產學講座改為獸醫學科，其下增設五日本人採二元化治理，在臺灣強制將狗分爲家犬（飼犬）與野犬。並頒布了「飼犬取締規則」，對於飼犬有一定的規範，狗要有頸環、外出有些地方規定要戴口罩、要有人牽引，甚至有些縣市規定要有吊牌，寫上主人名字，還要帶去打預防狂犬病針劑，甚至要定期作檢查，如果沒有依這些規定在外的狗，就視同野狗，將予以撲殺，爲此很多人將家外村舍的狗都掛上牌子來保其命。家犬也不是一定就不會被撲殺，如有危害公眾、或是疑似狂犬病、或患傳染病的狗都一律撲殺。[22]這些規定與原本臺灣民眾的養狗習慣很不同，殖民者頒新法後，民眾也需時間去適應，但無論如何，倒楣的都是狗。

更有甚者，殖民的日本人在臺灣大肆撲殺所謂野狗，也同時利用撲殺的手段大發利市，「野狗的生命不重要，受雇殺狗者殺狗後即剝下牠的皮，便將其肉丟棄。可是有些野狗的肉卻流入餐飲業，被加工製造成肥料或飼料」。據《臺灣日日新報》報導，有商人將狗肉混入豬肉裡販售，但是狗肉有一層不同於豬的細脂肪黏液，且有一種豬肉所無的特殊味道。另則報導，家犬可被日軍任意沒入，「日本軍營不能養鳥獸等動物，臺北民間的家犬一旦誤入兵營區就會被沒入，做爲專賣局、民政局宿舍的夜間警衛之用」。[23]

同爲外人管理的地方，臺灣的養狗者看似被標榜現代化的方式管理，但其實處境可能比起上海租界等其他中國的狗更糟。當時捕犬與殺犬之事，臺人不願從事，於是就向內地招些無業遊民來臺執行。更有甚者，一些臺灣本土原生種的狗，因爲放養緣故被當成野狗撲殺，最後竟致滅種。臺灣直到日治結束前，也沒有像「中國保護動物會」這樣的組織爲野狗請命收容。等一九三七年蘆溝橋事變後，中日全面爆發戰爭，在戰爭期內，臺灣人飼養家犬的門檻更高，在戰前要有「畜犬票」，甚至更加上要交昂貴的「畜犬稅」（一九四〇），高達十三圓，養狗成了奢侈的愛好（大多數臺人無力負擔）。如沒有「畜犬票」或沒繳「畜犬稅」的家犬就被視爲野狗，於是許多的家犬突然被迫歸類

個講座，都與畜牧有關，家畜病理學及家畜衛生學等（教授有關獸醫學科）是與獸醫有關。一九四五年才有首屆畢業生，都是日本籍。一九四五年十一月十五日更名為國立臺灣大學農學院畜牧獸醫學系。直至一九五〇年才有本國籍的畜牧獸醫學系第一屆畢業生。一九五二年農復會在美籍顧問的建議下，在臺大農學院增設家畜醫院。直到一九五五年畜牧獸醫系分為畜牧及獸醫兩組招生。這段獸醫系的沿革發展史，可見其教育由日式教育轉為美式。其醫院內設有大動物科，就是看牛馬豬等動物，小動物科才是看狗貓。臺大獸醫系史編輯小組編輯，《走過一甲子的臺大獸醫》（臺北：臺大獸醫專業學院，二〇〇八），頁八—九。

22 李若文，〈殖民地臺灣的家犬觀念與野犬撲殺〉，頁三六—三九。

23 〈獸肉鑑別法〉，《臺灣日日新報》，一九一一年二月三日，第七版；〈軍隊の犬〉，《臺灣日日新報》，一九〇六年十月七日，第三版。李若文，〈殖民地臺灣的家犬觀念與野犬撲殺〉，頁四三。

爲「野狗」，而遭到撲殺。[24]

無論是家犬或流浪犬，生在中國與臺灣其命運大相逕庭，看似現代化的臺灣在殖民者有心有意的計畫下，許多本地犬被撲殺殆盡。而反觀內地的狗，除了流浪犬是悲慘的生活外，至少家犬不會因其主人繳不起狗頭稅而被殺。至於公共衛生之需，防範狂犬病上，臺灣表面上比內地管理得好一些，那是因只要疑似狂犬就遭撲殺，用寧可錯殺一百不縱放一個的絕決之心防疫，但矯枉過正的背後，其實是一種刻意藉此殺狗存糧的用意，來供其戰爭之用（因戰爭日趨不利，日本的本土都有此倡議，也殺了許多家犬，於是又照搬到臺灣執行），只怕不是表面上的防疫數字這麼簡單，更不能漠視其背後眞正可議的帝國主義者高壓的卑劣心態與侵略不利的窘境。這與大躍進運動（一九五八－一九六一）引發的三年大饑荒時期，共產黨要大陸農村將狗殺光以免浪費糧食的作法一致。極右的軍國主義與極左的共產主義，在高壓與威權的控制下，對待人類最忠誠的夥伴──狗，心態與手段都如出一轍。

（二）流浪狗與人的愛恨情仇

相對於圈養在人身旁的家犬，就是一般被稱爲「野犬」、「野狗」（wild dog）[25]

的無主之狗，亦即現在習稱的「流浪犬」（wondering dog, stray dog），或稱「棄犬」，本文爲求統一，行文以流浪犬/狗稱之（其他則依文獻裡的記載）。此一詞彙的變革有著動物保護的歷程，自有其歷史意義。二十世紀初，由於少數佛教人士的推廣，在他們的書刊上盡量不使用「野犬」，僅以「犬」字帶過，這在《護生畫集》很明顯。這套由弘一法師（一八八〇—一九四二）親自爲豐子愷（一八九八—一九七五）題字的《護生畫集》，其中有多篇與狗有關，有一篇標題是「忠僕」，就明確勸人不可吃狗肉，「六畜之中，有功於世，而無害於人者，惟牛與犬，尤不可食」，[26]狗在《護生畫集》裡是很重要的動物，共出現了三十六則。

雖然「流浪犬」是指無主的狗，其來源未必都是家犬，也可能是流浪犬生下的後

24 李若文，〈殖民地臺灣的家犬觀念與野犬撲殺〉，頁五九—六二。

25 Wild dog 是指沒有主人生活在野外的狗。但是南非、澳洲存在一種生活在叢林、沙漠內，不曾被人類馴養的狗，學名為南非野犬（Lycaon pictus）、澳洲野犬（Canis lupus dingo）。牠們是野化的狗，跟牠們的祖先狼的習性相當接近，群居且狩獵。也因此動物醫學界與動保人士都反對將無主的狗稱為野狗。「非洲野犬」，《維基百科》，https://zh.wikipedia.org/zh-hant/%E9%9D%9E%E6%B4%B2%E9%87%8E%E7%8A%AC；「澳洲野犬」，《維基百科》，https://zh.wikipedia.org/zh-hant/%E6%BE%B3%E6%B4%B2%E9%87%8E%E7%8A%AC（二〇二三年二月一日檢閱）。

26 豐子愷繪，弘一法師、許上忠書，《護生畫集》（上海：上海人民出版社，二〇〇五），頁四五。

代。「棄犬」主要是指曾被人豢養後遭丟棄的狗，牠們是被人製造出來的，也是現代社會無主之狗的主要來源，尤其是都市裡的流浪犬，來源都是被人棄養產生。所以簡單地定義「流浪犬」，無主人，沒有人管領、沒有名字、無家可歸的狗。不管是被人飼養過遭棄，或走失，或是失去家園後繁殖的後代，這些都屬「流浪狗」。

儘管佛教界人士多有提倡，甚至後來中國也有第一個保護動物組織的設立，對流浪狗的保護與狗的地位提升仍很有限。流浪犬依舊被視爲「野狗」，是要與妓女一起被警察廳取締的，有趣的是，做此提議的卻是個基督教團體「基督教普益社」，他們請求上海警察廳讓他們協助對馬路一帶的妓女做梅毒篩檢，但同時亦要求取締那一帶的野犬。[27]

野犬的命運三步曲，通告（抱怨）、取締、撲殺。撲殺的手段也多極不人道，都是執行者圖其方便。例如上海鄰海，就將被捕的野狗倒入海中。有些地方則是祭了人的五臟六腑。中國如此，宣稱現代化的臺灣日治時期的經驗，撲殺流浪狗手段更殘酷，還取其皮謀利，將被剝皮後的殘軀隨便掩埋，一度造成環境汙染，[28]這對強調公共衛生的日本殖民政府，眞是莫大諷刺。即使到了一九九〇年後的臺灣，當時如此富裕的政府，處置流浪犬一樣不人道，不同於上海或其他城市，捕捉流浪狗與撲殺的是警察廳；臺灣是各地方的環保局捕犬隊執行，這些一樣都不是專業受過訓的捕犬員，甚至是他們的額外工作，於是就更添不平之怨氣，因此心不甘情不願的這些環保隊員，用活埋、淹死、電擊、投毒、打死或活活餓死，任其在垃圾掩埋地自生自滅等方式，視流浪狗爲「廢棄物」，如垃圾般的處理。地方政府爲省錢，清潔隊成員爲求方便不沾手的方式都有，幾件轟動全臺的新聞事件，[29]當時臺北縣連續發生「樹林沼氣洞—狗活埋」、「瑞芳垃圾場狗餓死」，「板橋收容所—狗吃狗」，[30]這些殘忍的畫面，在動保人士的揭發下，透過電視、報紙，震撼了臺灣的政府、民眾，並影響國際視聽，對臺灣國際形象很糟，也

---

27 〈取締妓女與野犬〉，《新聞報》，一九二八年一月廿九日，第二版。

28 李若文，〈殖民地臺灣的家犬觀念與野犬撲殺〉，頁四二—四三。

29 〈撲殺野狗，活活燒死〉，《中國時報》，一九八九年六月十四日，第十五版；〈流浪狗 被活埋〉，《聯合報》，一九九四年十一月五日，第五版；〈捕獲野狗不願殺生 流浪狗丟進沼氣管等死 流浪動物之家人員趕住樹林垃圾場 含淚救出八隻狗 三隻送「安樂死」〉，《聯合報》，一九九四年十一月六日，第四版；〈流浪狗煉獄：關牠 餓牠 逼牠啃同伴屍骨〉，《聯合報》，一九九五年三月十九日，第三版；〈永福橋下也有野狗煉獄？〉，《聯合報》，一九九五年三月十九日，第三版；〈板橋流浪犬中心 傳狗吃狗駭聞〉，《聯合報》，一九九六年一月十三日，第十九版；〈虐狗公聽會 林口鄉所否認指控〉，《聯合報》，二〇〇〇年八月十五日，第十八版。

30 釋悟泓，〈流浪犬悲情歲月何時了？——愛心需要智慧 執法需要擔當〉，《臺灣動物之聲》，（一九九六），https://www.lca.org.tw/column/node/909（二〇二三年二月二日檢閱）。

爲臺灣帶來莫大的國際壓力。幸虧當時已解嚴，報刊發揮極大的監督作用，透過電視無遠弗屆的傳播，讓人們看到處理流浪犬的殘酷與不專業，加上動保團體的抗爭，引進RSPCA、PETA等英美動保團體聲援，逼使政府與人們都必須正視不人道的撲殺流浪狗的惡行，提倡人道安樂死的方式，流浪狗也成了臺灣動保運動中最核心關懷的動物，並因之帶動對其他經濟動物、實驗動物等福祉的關切。[31]

三、狗在近代中國動物保護運動中的角色與影響

（一）詞彙轉變的歷史意義：由野犬到「棄犬」

由詞彙看人的思想觀念，「野狗／野犬」一詞被使用甚久，自古以來直到二十世紀的九〇年代仍被政府與報刊廣泛使用。一九一四年杭州警察廳公告捕抓無主、無照的狗，布告就寫著「警廳以野狗有犯警律，嚴加取締，令畜狗人等，一體領給照牌。懸之狗項，以便屬別家野，無牌者，逮捕之」。[32]不管是租界或是被日本殖民的臺灣，在近代中國的歷史上，出現在公文書、報刊、甚至私人文章中，對於無主之犬，幾乎都以

「野狗／野犬」視之，政府或一些衛道人士要處理這些狗，著眼點都是公共衛生或公共安全，尤其是以防範狂犬病爲藉口，或是發生咬傷事件，捕殺流浪狗的呼聲就會甚囂塵上，只有少部分的流浪狗被送往宗教人士設置的「護生園」安置牠們，這類護生園並不是專門收容流浪狗，而是包括耕牛或豬、羊等家畜，還有池可放生魚蝦，這種機構多附屬在寺廟，成爲信徒「放生」動物的場所。

由「野狗／野犬」一詞轉變成「棄犬」，則是動保意識抬頭後的變更。一九九五年後在臺灣開始有獸醫界的學者及動保人士倡議。[33]他們爲了彰顯曾被豢養後卻被遺棄的過程，以及涉及到「責任」的放棄與對狗生命的不尊重，視之爲「物」可棄如蔽屣，突顯狗的「無奈、無辜和無罪」，所以要正名爲「棄犬」不能貶牠們爲「野犬」，而忽視人的責任與倫理問題。但是野狗／犬的使用仍是普遍，直到晚近十多年才慢慢改變，之

31 這些動物種類的分類，依動保法，指犬、貓及其他人為飼養或管領之脊椎動物，包括經濟動物、實驗動物、寵物及其他動物。這也是動保意識提升後，人與動物關係的劃分。「動物保護法」，https://lis.ly.gov.tw/lglawc/lawsingle?0^030CC06060003030CC060BC6003738CD0606062134 3CCC46660（二〇二三年二月一日檢閱）。

32 漱巘文、士猷畫，〈說明：捕野狗（附圖）〉，《之江畫報》（一九一四），頁五三。

33 「野犬」與「棄犬」的觀念與詞彙的轉換，可參照，葉力森、石正人，《臺灣棄犬問題探討與對策》（臺北：中華民國動物保護協會，一九九五）；葉力森，《動物與法律》（臺北：中華民國動物保護協會，一九九五）。

後更以「流浪犬」這較中性的詞彙取代。

（二）一九四九年前流浪狗與動物保護運動

動物保護運動源起英國，十九世紀就已有「棕狗事件」掀起反動物活體解剖的運動，這些以狗之名從事動保的運動，也是社會運動的一環。過去一九四九年之前的中國與臺灣受限政治現實與環境，無法像英國這樣大規模推行。動保的推動在二十世紀初期，只能在宗教與社會名流以溫和的請願或藝文活動進行，自然談不上「運動」。而臺灣被日本所殖民，自然更不被允許進行這樣的社會運動。

一九四九年之前的中國，曾經設立第一個動物保護組織。這個組織的成立是由愛狗聞名的呂碧城促成，她愛狗進而愛護動物。她促成的仿似英國RSPCA的動物保護組織——「中國保護動物會」（一九三四—一九三七），[34]雖然她本人沒有實質加入與管理這個協會，但是出錢、出人脈、辦刊物，都使這個組織在抗戰爆發前，確實推廣不少動物福利的事，並且補強官方生命教育的不足。這個組織中很多參與者都是篤信佛教的社會名流，因而通過他們的人脈，促進地方政府取締一些虐待動物的情事，同時不少寺院也紛紛成立護生園收容流浪狗，以他們推崇的方式讓人們「放生」狗而不要殺害。以該協會最有施力點的上海與江蘇省，舉辦有教育意義的活動，促進兒童正確的愛護動物觀。他們製作〈護生歌〉，是中國保護動物會的會歌。在上海，這個組織與他們的人脈影響，上海的警察廳即使收到一些要求捕殺流浪狗的要求，他們也會希望用「收容」的方式去處理。早在一九二八年就有許多宗教與慈善團體不忍當時捕殺野犬方式，抛入海中，而要捐資收養救野犬。[35]很可惜這個組織在一九三七年抗戰軍興後就無法運作，最終消失。

（三）一九四九年後流浪狗與動物保護運動

一九五〇年後國民黨政府來到臺灣，在解嚴之前雖是威權統治，但蔣介石因個人喜歡狗，鑑於當時國人對動物的不友善與常有虐待動物之事傳出，於是在一九六〇年指示成立「中華民國保護牲畜協會」，[36]這是臺灣戰後成立的第一個民間的動物保護組織。

34 王一亭等八十四人發起成立中國保護動物會。
35 〈捐資救野犬〉，《新聞報》，一九二八年九月九日，第二版。
36 〈大事記〉，「社團法人中華民國保護動物協會」，https://www.apatw.org/page/4（二〇二三年十一月廿三日檢閱）。蔣在二十世紀初即使是戎馬倥傯之際，也替以提倡愛護動物的佛教刊物《護生報》題字。《護生報》，一九三四年九月九日，版一。

這個協會與過去的「中國保護動物會」並沒有連續性關係，成員都沒有銜接，但是宗旨上頗有類同，都是為了推動保護動物及提升動物福祉。後來這個「中華民國保護牲畜協會」更名為「中華民國保護動物協會」（一九七三），易牲畜為動物，更中性與無貶意，但對保護流浪狗上並無多大作為。流浪狗的問題與處境仍是悲慘，直到一九八八年一群愛護狗與動物的中外人士與五位獸醫，合力創設了「流浪動物之家」，[37]附屬於這個協會，臺灣第一所民間收容流浪狗的機構誕生，他們主要救助對象雖是狗貓為主，但以狗居多，「收容」也是過去的中國保護動物協會所無，完全學自英美的流浪動物收容所。可惜這第一個民間收容組織的管理不好，問題頻出，人事糾紛，財務不清，不斷地收容又不易出養（當時認養流浪狗的觀念與風氣未開），搞到狗滿為患，最多時有近兩千多隻，[38]整個淡水場像是「dog pound」不是dog shelter，[39]造成另種流浪狗的悲劇，這現象直至二〇〇一年以後組織徹底改造，由上到下撤換一整批人，並遷移到更大且離人居遠的八里新保育場後才有了比較符合動物福利的收容狀態。而自臺灣動保運動於一九九三年開始後，[40]許多民間大小收容流浪狗的收容所也如雨後春筍般增加，動保意識的抬頭，加上國內外壓力，政府開始起草動物保護法草案。

一九九三年農委會開始委託臺大獸醫系的葉力森教授起草第一版的「動物保護法」

草案，這個初版草案在行政院的農委會內就遭大幅修改，然後才送入行政院院會，失去了葉力森起草的原案原貌，尤其是對規範狗的繁殖業、實驗動物管理等，政院都向現狀妥協，也去除了刑法的罰則。草案在一九九四年六月送進立法院，簡稱爲「農委會版的動保法」，有別於關懷生命協會找來專家與立委一起起草，由當時民進黨立委沈富雄聯署的動保法法案，通稱「民間版的動保法」。這兩個版本都在立法院審議，幾經協商與修改版本，最後取得兩者間的折衷始通過了動物保護法。

雖然這部動保法不盡如動保人士所滿意，但至少讓中華民國也成了有動保法保障動物的先進國家，這對臺灣的自由民主的進步也是一種象徵。自一九九八年十月十三日立

---

37 謝雨萍，〈街頭浪「犬」終於有歸宿　流浪動物之家收容棄貓野狗　宣導寵物觀念切勿始愛終棄〉，《中國時報》，一九八八年二月三日，第十二版。

38 〈淡水流浪動物之家兩個月內撤離?〉，《中國時報》，一九九九年四月十七日，第十五版。

39 這兩種收容流浪狗的地方之差異，**dog pound** 是將流浪狗收容，但照顧與生存的空間都未必專業與符合動物福利的標準。**dog shelter** 是以符合動物福利為準則，為流浪狗成立的庇護所，一九九九年據 RSPCA 的專家在跟當時臺灣的動保團體關懷生命協會的秘書長釋悟泓，巡訪了臺灣的公私立收容場所後表示，**All of them were dog pounds, not shelters.**

40 目前研究臺灣動物保護運動的學者與動保圈人士，都咸認一九九三年的「反挫魚運動」，揭開了當代動物保護運動的開端，一九九四年則有關懷生命協會的成立，之後展開一連串為流浪狗發聲、抗爭等的活動，串連成九〇年代的動保運動，這一運動以立動保法做為其階段性目標。

院三讀通過，十一月四日公布以來，迄二〇二一年，動保法歷經了十五次修法，由沒有懲罰性的罰則到虐動物可處三年以下有期徒刑的人身罰則；二〇二〇年更修法，規定公立收容所一律零安樂死，比歐美國家的收容所還更先進，不過這個零安樂死的立法，是很倉促地在民意壓力下立法，相關配套措施並不完備，是良法還是惡法，尚屬爭議。這一段漫長曲折的動保道路，流浪狗的血淚交織是此一運動的核心，而人們對狗的深厚感情與認同度，也是能激發更多不關心動物者同理心，而使動保法終能通過立法，又能讓臺灣動保運動茁壯的根由。

臺灣的動保運動，與關懷生命協會這個民間團體很有連動性。這個團體很不同於早前成立的「中華民國保護動物協會」，他們不做下游的收容工作，著重的是上游的觀念及議題的帶動。因此不設流浪狗收容所，以不斷拋出議題、發起抗爭等方式從事動保運動。他們也編寫一本教育手冊提供給當時的小學老師，提升當時對孩童的動保教育，特別是如何面對街頭的流浪狗，希望去除過去錯誤的觀念，與對流浪狗的誤解，以保人狗平和相處。當時招募許多志工，還設有「同伴動物小組」，參與協助許多地方收容所的改善與收容，並且提倡「讓痛苦到牠爲止」爲流浪犬絕育的行動，此一觀念影響甚大，之後逐步讓投入流浪狗保護者，都認同與採取爲流浪狗絕育，杜絕狗口繁殖，甚至進一步宣導飼養的寵物犬也絕育，避免繁殖。並且發起「以認養代替購買」的觀念，既有助減少流浪狗，又能減少人們追逐名犬，卻讓流行的名種狗因不斷繁殖，造成名犬成生財繁殖工具的悲劇，許多名犬被過度生育所害，一旦身體出現狀況或是市價下跌，牠們就遭繁殖業者棄養而成了流浪狗。

他們除不斷發起各種爲流浪狗請命的活動，並且去各地的公立收容所巡迴探訪，又聯絡英美的動保團體（最常往來就是RSPCA與PETA[41]），向政府施壓推動動保法的立法、人道捕犬等的改善行動。在一九九九年之前這個組織在其秘書長釋悟泓的帶領下，是當時臺灣很活躍與具動能的保護動物團體。[42]臺灣動保運動的推展過程，是多

41 PETA全稱是People for the Ethical Treatment of Animals，譯稱「善待動物組織」，是一個動物權利組織，位於美國維吉尼亞州諾福克市，Ingrid Newkirk為其全球領導者。做為一家擁有近四百名員工的非營利機構，善待動物組織稱其為世界最大的動物權利團體，擁有六百五十萬成員及支持者。它的口號是「動物不是供我們食用、穿戴、實驗、娛樂或以任何方式虐待的。」「善待動物組織」，《維基百科》，https://zh.wikipedia.org/zh-tw/%E5%96%84%E5%BE%85%E5%8A%A8%E7%89%A9%E7%BB%84%E7%BB%87（二〇二三年一月三日檢閱）。

42 一九九九年之後，關懷生命協會有內部的分裂，秘書長釋悟泓與其他秘書處人員因與當時的會長釋昭慧「理念不合」，最後他們離開關懷生命協會，另外成立了「臺灣動物社會研究會」，由釋悟泓出任執行長。「我對動物沒感情　動保人士朱增宏」，《鏡週刊》，二〇一七年六月六日，https://www.mirrormedia.mg/story/20170531pol001/（二〇二三年一月三日檢閱）。〈本會簡介〉，「臺灣動物社會研究會」，https://www.east.org.tw/about/aboutus（二〇二三年一月三日檢閱）。

少動物的犧牲，也是無數流浪狗悲慘命運的遭遇，見證血淚交織的過程。動物保護法雖已誕生，卻也不是就迎來了流浪狗的春天，臺灣就變成流浪狗的伊甸園，動物保護運動仍有長遠的道路需要繼續前行。

四、結論

狗在人的活動與文化中占據的位置，凌駕所有動物之上。但是越接近也越易受到傷害。從野犬馴化成家犬，從守護的跟班到桌上的盤中飧，狗的命運端看牠遇到什麼樣的飼主、家庭與生在那個時代與國家。由古代到近代，不管是東方或西方，狗同樣經歷了畜牲、寵物、同伴動物的過程。只是當宗教影響力大的時代，動物的處境會好一些，例如佛教盛行的唐宋以至明清，首先會受到重視的當然是狗，因爲與人的生活交織的最密切。而近

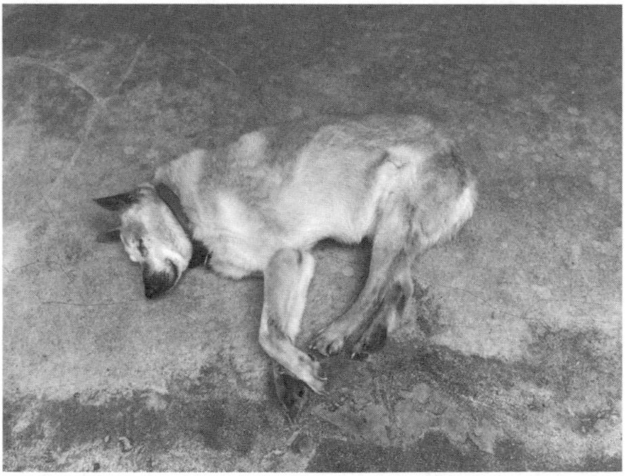

放養的家犬。

代中國在西方文化一步步深入後，開啓了中國現代化的歷程，像上海有賽狗，有獸醫與獸醫院。有人願爲狗打官司，也有人開始關心街頭的流浪狗，不是僅以「野犬」視之，很長一段時間，「野犬」就是無主的非家犬，由野外的生活場域到城市街頭流浪的狗。

與野犬相對的是「家犬」，後來更進展到「寵物」，這是長久以來人類施於狗的極大榮寵與尊嚴。我國的《動物保護法》中與狗關係密切的條文，象徵的是狗的地位的躍升，用法律明文保護牠們的生命與福祉，不能不說是人的道德低落所致。《動物保護法》第三條第一項就定位了「動物：指犬、貓及其他人爲飼養或管領之脊椎動物，包括經濟動物、實驗動物、寵物及其他動物」，第五項「寵物：指犬、貓及其他供玩賞、伴侶之目的而飼養或管領之動物」；而第十二條第三項更規定「宰殺犬、貓或販賣、購買、食用或持有其屠體、內臟或含有其成分之食品」也是被禁止的，終於將販賣、吃食狗肉者都定位爲非法。[43]而第六章第二十五條第二項規定「有下列情事之一者，處二年以下有期徒刑或拘役，併科新臺幣二十萬元以上二百萬元以下罰金：二、違反第十二條第二項或第三項第一款規定，宰殺犬、貓或經中央主管機關公告禁止宰殺之動物」，這

43 《動物保護法》，https://law.moj.gov.tw/LawClass/LawAll.aspx?PCode=M0060027（2022/11/23）。

是臺灣的動物保護運動爭取多年的成果，刑罰雖仍是輕微，但是能立法已屬不易，也是效法歐美國家，將虐待動物，尤其是虐殺狗、貓者施以刑期下獄及罰款。

最能體現狗的地位晉升到「類人」的地位，就是以「同伴動物」（companion animals）定位狗以及牠與人的關係。不同於寵物之於人，那是「擬人」的賦予，而成爲人的同伴，就不是被賦予的權利，是做爲一起生存於地球上共有的權利，就如同「天賦人權」。其實不論是人權、狗權或動物權都是爭取來的。而狗與人的生活交互作用及待遇，都會成爲一個社會是否自由開放與進步的指標，只是要自「寵物」成爲「同伴動物」，這是現實與理想的競賽，是人狗關係史上未完成且繼續向前邁步的「進行式」。

而動物保護運動的推展，也正是臺灣在政治解嚴後，自由開放的政治氛圍下，更進一步推動的社會運動。而「動物權」是人權的延伸，動物權受重視，更是對人權的深化。人要能對環境懷抱尊重的態度，對共同生活於這個環境的動物生命敬畏，則人的福祉方能綿長不衰。理解動物與人的互動關係史，是理解人與環境變遷歷史的要件，而做爲與人關係最密切的人狗關係史，更是最好的切入點，值得持續深究。

結語

人類世下的人與物種

侯嘉星

廿一世紀初，地質學家、氣候學者們提出「人類世」（Anthropocene）的地層概念，來解釋工業革命以後大規模的人類環境改造，形成了全新的地質分層。在這個時期當中，人類的活動深刻影響地球的樣貌，尤其石化能源的使用無處不在，對環境造成許多不可逆轉的改造。人類世的概念雖然尚未被學界或社會完全接受，但仍恰如其分地表達十九世紀以降，各種新工具、新方法，大大改變了人與環境的關係，可說是近年來環境議題的熱門關鍵字。

人類改造環境的歷史，當然建立在人類的物種利用之上。人類與物種的關係，有著悠長的歷史脈絡，自史前時代起，即是人類社群不斷發展的關鍵。人們通過物種認識世界，運用動植物壯大自身，人類更藉由對世界萬物定序的過程，逐漸掌握自然乃至族群的未來。因此，物種的知識，成了建構人類時代的基石。本書所聚焦的二十世紀物種知識，正是結合了十九世紀以後人類科學知識突飛猛進的變化，使得探險家、博物學者向全世界探索新物種，進行大規模的遷移、栽培，造就二十世紀的世界經濟、文化以及生態樣貌，這些變化更推動人類世的形成。

二〇二〇年爆發的新冠肺炎，是物種與人類之間互動的轉捩點，其巨大衝擊，改變世界運作的型態，當然也使人們反思人與自然的關係。二〇二二年在疫情之中，國立中興大學歷史學系、國立中央大學歷史研究所，共同舉辦了「近代知識譜系中的動物與植物」，希望從人類世觀點下的重新思考人與環境關係的歷史脈絡。會議的成果，因而有了這本小書。

本書的第一單元，探討「從身體到萬物」的認識過程。身體被認爲是內宇宙，也是人類知識的核心，關於身體各部位、感受，或是症狀描繪的詞彙不勝枚舉。從身體到萬物的利用，當然是一個漸進的過程：皮國立教授的文章討論到傳統時期如何認識寄生蟲、如何處理這些生活在人類身體內的物種，這種寄生對身體的影響、對醫療技術的啓發等等，是從身體到萬物的第一步。劉世珣博士注意到與人們關係緊密的驢子，除了被豢養以提供畜力，其血肉、骨髓，乃至各種不同的位置，都在醫藥治療上被充分利用，這是人類對身邊物種知識的擴大。曾齡儀教授、郭忠豪教授的兩篇文章，同樣聚焦在人們將物種用在醫療保健的目標上，但與前兩篇相較，無論是海馬或是蛤蚧，都已非人們馴化畜養的物種，而是需要潛下海中捕撈、深入華南丘陵地區捕捉。此類生活在山區海洋的物種，與人類聚落的活動本無交集，但在人類世下，商人大量捕捉以滿足消費者身體的需求，最終使海馬與蛤蚧成為珍貴藥材。從身體出發認識萬物，再將萬物與身體呼應，此間循環，顯示人與物種關係的深層理路。

本書的第二單元，主題是「從天擇到人擇」的變化。進化論著名概念「物競天擇、適者生存」，也許在漫長的地質時代尚能成立，但到了十六世紀後的大航海時代，人類在美洲大陸上進行巨大的改造，各種作物、動物改變美洲的樣貌；進入十九世紀中葉，「人擇」更成了物種變化、乃至創造新物種的重要推力，這也是人類世改變環境的巨大力量。本單元探討了四個不同的物種類別，顯示二十世紀以降人擇的擴大，這四個物種分別是蔬果、鹿、魚藤與海鮮漁獲。葉爾建教授的文章，聚焦於西北太平洋地區的農業物種交換，特別是華人遷移到日本、臺灣、菲律賓與南洋群島時，除了接受當地的物種生態，更致力於從故鄉中國華南引進蔬果作物，許多成了至今當地人的主食與經濟來源。與該文相對應的是王士銘博士的論文，其主角西伯利亞馬鹿，正好在東亞世界的另一極。鹿茸做爲讀者耳熟能詳的中藥，但其初始卻是源於蒙古地區的野鹿族群，對鹿群的捕獵與販售鹿茸，成了蒙古王公不菲的收入，也成了清朝政府治理蒙古的重要資源。拙文選定之標的，又回到植物作物的栽種上，但這次不是食用的蔬果，而是化學工業使用的原料作物—魚藤。早期臺灣原住民、東南亞土著，都認識魚藤，但眞正大量使用是在十九世紀末的化工業時代。二十世紀臺灣成爲日本帝國圈內魚藤供給的中心，顯示人擇的作用與現代國家緊密結合。最後則是江豐兆博士關於海洋漁獲加工的討論。海鮮物種的認識，是歷史研究最難的部分，蓋因十九世紀以後人類方得以前往遠海捕撈、進行長距離航行交換漁獲，所以更早的史料往往片段散亂。在沒有冰凍技術前，人們對於海鮮的利用十分受限；十九世紀末的冷凍技術，大大刺激人對海洋資源的攫取。本單元的四篇文章，雖然空間上跨越山海，但最核心的關懷，仍在於人們如何認識物種，並將之捕獵、豢養、馴化，以及栽植的過程，這也正是人類世對物種利用的最大驅力。

本書的第三單元，主題是「從人本位到跨物種」的精神轉換。固然在前兩單元中，人類對於物種的知識，推動了人們取用、加工物種，似乎雙方的關係是冷血、無情的單方面利用。但在豢養、照顧與陪伴動植物的過程裡，人與物種的關係發生變化，這也是人類世中不能忽視的一面。余佳韻教授從文學作品中，找出嶺南常見的木棉花，發現人們對於木棉的認識，深受政治局勢、民族主義的影響，顯示人與物種的雙向互動。沈佳姍教授研究了服務於動物的一群職業者，討論日本時代臺灣的獸醫學發展，以及防疫檢疫制度的形成，顯示物種的利用，改變了人類的社會制度。最後壓軸的是趙席夐博士注意到人與狗的關係，不再只是工作犬，更是現代社會不可或缺的心靈陪伴，使人與物種的關係提升到新一層面，超越單方面的人擇利用，添加了精神變化的更多元素。在本單元的討論中可以發現，人類世的人與物種關係，絕非單純的生物學、經濟學問題，更是倫理學、哲學的課題，充滿無數的開拓可能，值得探究。

回到本書的標題，人類世下的人與物種關係，可以說是人對萬物的探索使人們認識世界、人對萬物的利用使人們發展茁壯、人對萬物的互動更使人們複雜深邃。本書的三個單元，看似毫不相干，但實則勾勒出人與物種關係不同層次，借助多樣個案，闡發此中連結。當然，人與物種的關係百轉千折、複雜多端，遠非本書所論及的動植物知識、案例所能涵蓋，但具體而微地，讀者能窺見這樣宏大的課題，還有無數探討的可能。

歷史告訴人們，過去的人與物種關係呈現了什麼變化、甚至也解釋了爲何我們今日會這樣的原因。但時間並非單線性結構而已，站在當下如何想像未來，決定了我們怎麼看待過去。人與物種的課題，過去曾在無數的歷史著作當中被描寫、探討過。然而今日當我們意識到人與地球萬物的關係轉變，「人類世」一詞所要彰顯的其實並非人類主宰地球的時代，而是警醒世人意識到人類做了多少不可逆的改造。在這樣的認識之下，人類世所探討的，是未來人們如何理解人在地球、生態中的角色，當我們選擇謙卑面對未來這樣立場的同時，必然也開始回望過去，思考人與物種的多樣關係。期待本書的討論，能在這樣的關懷下，乘載過往人與物種的脈絡，讓讀者可以再思考新時代的萬物秩序與人、物關係，共同進入「人類世」的時代。

作者介紹

王士銘　國立清華大學歷史研究所博士，現任職於中央研究院人文講座辦公室，近年關注清代山西商人在蒙古的貿易及墾殖活動，並發表學術論文於《清華學報》、《國立政治大學歷史學報》及《臺灣師大歷史學報》等期刊。

皮國立　國立中央大學歷史研究所副教授兼所長，研究興趣爲中國醫療社會史、疾病史、史學方法、中國近代戰爭與科技等領域。個人撰著、主編學術專書與教科書二十本，發表學術論文八十餘篇，會議論文百餘篇，其餘雜文、獎項，則可參考中央大學歷史所官網。

江豐兆　一九八五年出生於桃園大溪。現爲國立清華大學歷史研究所博士候選人，並在清大歷史所、淡大歷史系擔任兼職講師。研究領域在明清至近代中國的社會經濟史，特別是鹽政與鹽業、國家財政與經濟思想等議題。曾獲國科會獎勵人文與社會科學領域博士候選人撰寫博士論文獎。

余佳韻　國立清華大學中文博士，現任國立中興大學中文系助理教授。研究領域爲嶺南文化與文學、明清詞學理論與批評。

沈佳姍　國立政治大學文學博士，現職爲國立空中大學人文學系副教授兼歷史類課程學類負責人兼圖書館館長暨宜蘭中心主任。主要研究領域爲日治時期臺灣史，例如常民生活、醫療衛生與相關人事等課題。

侯嘉星　一九八二年出生於臺中，國立政治大學歷史學博士，現爲國立中興大學歷史學系助理教授，研究中國近代經濟史、環境史與歷史ＧＩＳ。相關著作有《一九三〇年代華北平原的造林事業》、《機器業與江南農村》，以及學術論文十餘篇。

郭忠豪　高雄人，熱愛網球，任職於臺北醫學大學人文暨社會科學院，研究領域是近代東亞食物史，著有《品饌東亞：食物研究中的權力滋味、醫學食補與知識傳說》。

曾齡儀　臺北醫學大學通識教育中心副教授，研究興趣是「移民」、「食物」與「動物」的歷史，著有專書《沙茶：戰後潮汕移民與臺灣飲食變遷》以及〈頭角

「爭茸」：一九五〇—一九九〇年代臺灣的養鹿業與鹿茸消費〉等論文。

葉爾建　丁巳年生，中壢人。英格蘭Durham大學地理學博士，現任國立東華大學臺灣文化學系副教授，研究領域及興趣爲歷史地理和區域地理。著有〈二十世紀初日治臺灣和美屬菲律賓的農業知識交流—以臺灣新式牧牛業爲例〉等論文。

趙席敻　國立政治大學歷史研究所博士。專研中國近現代史，以思想史、政治史爲主領域，並及婦女史與動物保護史。長期研究自由主義知識分子的思想、參政爲中心。目前研究重點是以胡適爲中心的群體與港臺第三勢力知識群爲主。

劉士永　現爲美國匹茲堡大學亞洲研究中心教授、上海交通大學特聘教授；研究涵蓋近代東亞醫學與公共衛生史、日本殖民醫學，及東亞環境史等領域。著有相關專書及論文多種，近作《現代醫學在東亞十二講》將於二〇二三年底出版。

劉世珣　國立政治大學歷史學系博士，現任職於國立故宮博物院書畫文獻處。主要研究領域爲明清醫療史、科技史、清史、滿文。著有學術論文十餘篇，分見《故宮學術季刊》、《國立政治大學歷史學報》、《臺灣師大歷史學報》等期刊。

國家圖書館出版品預行編目資料

物種與人類世：20世紀的動植物知識/王士銘, 皮國立, 江豐兆, 余佳韻, 沈佳姍, 侯嘉星, 郭忠豪, 曾齡儀, 葉爾建, 趙席敻, 劉士永, 劉世珣著；侯嘉星主編. -- 初版. -- 臺北市：前衛出版社, 2023.09
336 面；15×21公分
ISBN 978-626-7325-31-5（平裝）

1. 生態系　2. 物種多樣性　3. 產業發展 4. 文集

361.107　　112011692

物種與人類世：20世紀的動植物知識

主　　編　侯嘉星
著　　作　王士銘、皮國立、江豐兆、余佳韻、沈佳姍、侯嘉星、郭忠豪、曾齡儀、葉爾建、趙席敻、劉士永、劉世珣

責任編輯　楊佩穎
美術設計　ilid Chou
電腦排版　宸遠彩藝

出 版 者　前衛出版社
10468 臺北市中山區農安街153號4樓之3
電話：02-25865708｜傳真：02-25863758
郵撥帳號：05625551
購書・業務信箱：a4791@ms15.hinet.net
投稿・編輯信箱：avanguardbook@gmail.com
官方網站：http://www.avanguard.com.tw
出版總監　林文欽
法律顧問　陽光百合律師事務所
總 經 銷　紅螞蟻圖書有限公司
11494 臺北市內湖區舊宗路二段121巷19號
電話：02-27953656｜傳真：02-27954100
出版日期　2023年09月初版一刷
定　　價　新臺幣 450 元

ISBN：978-626-7325-31-5
EISBN：9786267325322（PDF）｜9786267325339（EPUB）